活出自己

别让生活耗尽你的美好

王奕鑫　编著

团结出版社

图书在版编目（CIP）数据

别让生活耗尽你的美好 / 王奕鑫编著 . -- 北京 : 团结出版社 , 2019.4（2023.11 重印）
（活出自己）
ISBN 978-7-5126-7047-1

Ⅰ . ①别… Ⅱ . ①王… Ⅲ . ①人生哲学－通俗读物 Ⅳ . ① B821-49

中国版本图书馆 CIP 数据核字（2019）第 082308 号

出　版： 团结出版社
（北京市东城区东皇城根南街 84 号 邮编：100006）
电　话：（010）65228880　65244790（出版社）
（010）65238766　85113874　65133603（发行部）
（010）65133603（邮购）
网　址： http://www.tjpress.com
E - mail： zb65244790@vip.163.com
tjcbsfxb@163.com（发行部邮购）
经　销： 全国新华书店
印　刷： 金世嘉元（唐山）印务有限公司

开　本： 145mm × 210mm　32 开
印　张： 6 印张
字　数： 110 千字
版　次： 2019 年 4 月　第 1 版
印　次： 2023 年 11 月　第 2 次印刷

书　号： 978-7-5126-7047-1
定　价： 29.80 元

前言

央视曾经做过这样一个采访：记者到各处街头，问那些为生活奔波的普通人一个问题——你幸福吗？

这个采访风靡一时，也得到了很多令人啼笑皆非的答案。比如，一位外来务工的大叔在被记者问到这个问题时，就说了句"我姓曾"。

采访也反映了大部分人对自己生活的评价。很多人都回答"我很幸福"，当然，也有人说，我的生活并不幸福。

其实，很多人的生活不够幸福并不是因为他们遭遇了什么不幸，而是因为他们在生活中耗尽了美好。

诚然，工作会让人负累，人际关系也会让人崩溃，但生活本身存在的一些美好从未消失。那些感叹生活不幸福的人只是耗尽了自己人生中的美好。

很多人，工作不错，收入也不错，但是控制不了自己的情绪，处处跟人起冲突，这就是一种对美好的消耗；还有的人，处理不了家庭关系，明明都爱着对方，却总是相爱相杀，争吵不断，这也是一种对美好的消耗；更多的人，是不懂得爱自己，用极其严格的标准来要求自己，不惜把自己变成一个机器人，这也是一种对美好的消耗。生活就是这样把美好一点点消耗掉，并最终让幸福从指尖溜过。

其实，只要你懂得调节自己的情绪、懂得经营人际关系、懂得爱自己，生活中的美好是随处可见的。

所以说，我们才是自己人生的救世主。外部环境或许会一直变化，生活的困难或许也会一直存在，但能让生活变好的能力却永远不会消失。其实，我们每个人身上都有这样或者那样的缺点，但这些缺点并不能决定你生活的质量。真正决定你生活的是你自己，所以，你应当学会跟自己对话，做自己的心灵导师。通过反省，让自己的生活重新变得美好起来。

目录

第一章
美好生活，从好情绪开始

很多人的生活缺乏美好，并不是因为生活中没有美好，而是被一些负面的东西所拖累。比如说情绪。一个人的情绪会极大地影响他的生活质量，情绪糟糕的时候，哪怕是你已经功成名就，也很难寻觅美好。所以，美好的生活，都是从好情绪开始的。

生活如此美好，你为何如此纠结

有人为口袋里没有“银子”而纠结；有人为在社会上没有“位子”而纠结；还有人为没房子和车子而纠结……其实，人生的快乐与痛苦和财富、地位、物质无关。那么，究竟是什么让你纠结呢？让我们找到纠结的根源，规避烦恼，活得开心一点。

很多人总是不高兴的时候多，开心的时候少。钱不够花的时候，觉得有钱后就会快乐，可是，当钱多了的时候，烦恼也并没有少；当困难挡在我们面前的时候，觉得生活要是没有了困难，那是最幸福的事，可是，当自己的面前是一马平川的大道时，新的烦恼又来了……内心的纠结似乎紧贴着我们的生活，那么，究竟是什么影响了我们的心情呢？

有一个富翁虽然家财万贯，但总是快乐的时候少，不快乐的时候多。他想，自己富甲天下，一定能给自己买到快乐。为此他背着许多金银，到远处寻求快乐。

一天，他走在一条山道上，背上的金银压得他劳累不堪，痛苦万分。这时，他遇到一个樵夫，于是富翁就上前问：“我是个富翁，虽然有钱，可为什么总是痛苦多快乐少？你看，道路又窄，身上背的东西又多，今天就很不开心啊！”

樵夫放下柴担，舒心地揩着汗水说：“快乐很难得到吗？放下就是快乐呀！”

富翁听了，觉得自己背上的金银实在是太重了，于是就将金银放了下来。当富翁直起腰来，发现路边的美景也尽收眼底，他一下子觉得自己轻松多了，心里舒坦极了。

富翁顿悟：是因为老怕别人抢，总怕被人陷害，所以整日忧心忡忡，纠结不已。

于是，他将珠宝、钱财接济穷人，专做善事，慈悲为怀，这样不仅滋润了他的心灵，更让快乐充满了他的生活。

可见，纠结是因为不知道放下。

人生在世，不如意事十有八九，碰到的常常想不开放不下，将挫折、痛苦、哀伤、恐惧、忧虑藏在心里压在心头。有的更是一味痴迷偏执，越陷越深，不能自拔，钻进了精神的死胡同。放不下，就是自己和自己过不去，往往使人纠结。所以，当你为生活的种种烦恼感到困惑、背负压力时，请深深吸一口清新的空气，放下你心中的所思所想，没有负担，海阔天空，你将会变得轻松愉快。

一天，有一个美丽的少妇投河自尽，被路人救起。

路人问："你年轻轻，为什么要寻短见？"

"我结婚才三年，丈夫就在外面找了小三，遗弃了我，接着孩子又在车祸中死了。您说我活着还有什么盼头？"

路人听了，对少妇说："三年前，你是怎样过日子的？"

少妇说："那时我虽然一无所有，但无忧无牵无挂呀……"

"那时你有丈夫和孩子吗？"路人问。

"没有。"少妇回答。

"那你有什么可伤心的呢？只不过是回到三年前去。现在你又自由自在无忧无虑了。你还是回去吧……"路人说。

少妇一下子明白过来："是呀，现在不就是三年前的自己吗？"

于是，少妇便安心地走了。从此，她再也没有不开心。

可见，纠结是因为不会换一种想法。

毋庸置疑，生活中有很多挫折甚至是灾难，犹如一个个魔鬼，致使人失去正常的心智，给我们的人生带来烦恼。那么，有没有转换心境、让自己快乐的配方呢？告诉你，有，那就是转换念头，这样你就会改变心情。有位哲人曾说：“人生的很多烦恼，是随着我们思维方式的不同而产生的。”所以，尝试换种想法，你的人生就会少去很多烦恼。

天使大发慈悲，想用自己的神通给遇见自己的人带来快乐。

这天，他遇见一个牧童。牧童看起来非常不开心，他向天使诉说：“我的牛丢了，父母会责骂我的。”于是天使给牧童找到了牛。最后，牧童高高兴兴地牵着牛走了。

又有一天，他遇见一个女子。女子非常沮丧，她向天使诉说：“我的钱都被人偷光了，没有回家的路费。”于是天使送给她路费。最后，女子开开心心地回家了。

这天，他遇见一个作家。天使问他：“你不快乐吗？我能帮你吗？”作家对天使说：“我不快乐，你能够给我吗？”天使回答说：“可以！你要什么我都可以给你。”

可是，天使犯了难，因为作家年轻、帅气、有才华而且富有，他的妻子非常年轻貌美，作家什么也不缺。

天使想了想，说：“我明白了。”于是，天使拿走作家的才华，毁去作家的容貌，夺去作家的财产，杀死了作家的妻子，天使做完这些事后，就一声不响地离去了。

10天后，天使再回到作家的身边，看见作家衣衫褴褛地躺在地上挣扎，已经饿得奄奄一息了。于是，天使把作家的一切还给了他。

半个月后，天使又去看作家，问他说：“现在，你快乐了吗？”

这时，作家正搂着妻子，笑着回答：“我很快乐，很快乐，谢谢天使。”

可见，纠结是因为忽略了所拥有的。

人往往会认为，明天就会得到快乐，可是，当自己环顾四周的时候，总会觉得快乐依旧没有来。其实，快乐就在当下，就在你的每一天，甚至每一刻中。很多时候，我们身处快乐之中却意识不到，还满怀期待地到处寻找。直到某一天，我们才惊讶地发现，原本拥有的快乐就在自己的眼前，只是自己从来没有珍惜过罢了。

不懂得放下，不懂得珍惜当下，不知道转变看法……这些都是纠结的根源。当我们不开心时，不要归罪于贫穷，也不要归罪于卑微，更不要归罪于生活的种种遭遇，心态和行为方式才是我们快乐与否的根源。要想获得快乐，要不断修正自己的心态和行为，这样，不论你是贫穷还是富有，都没有什么能让你纠结了。

生活有阳光，心灵才能翱翔

人的心在感悟人生时有两种形式：一种是向现实的物质世界看，尽可能地为自己博得更多的物质享受；另一种是向内心看，尽可能地感知自己内心的需要、聆听自己内心世界的声音。而我们之所以纠结，是因为我们的眼睛关注外在世界太多，关注心灵世界却太少！

有一个富甲天下的商人，过着锦衣玉食、无忧无虑的日子，他可谓是拥有了一切该拥有的，但他仍然不快乐。他很希望自己能获得快乐，于是发出告示，扬言谁能帮他找到快乐，就赏给这个人黄金万两。一天，来了一个神医，他告诉商人："必须让人在全国找到一个最快乐的人，然后穿上这个人的鞋子，您就可以获得快乐了。"于是商人就派家丁们分头去找，后来终于找到了一个快乐无比的人，但是家丁们向商人汇报说："我们没有办法拿到他的鞋子。"商人说："为什么呢?"家丁们说："那个特别快乐的人是个没有脚的人，所以他根本就没有鞋子。"

这个故事正是诠释了这样一个道理：真正的快乐和生活境遇的好坏没有直接的关系，它来自心灵深处，只有心灵快乐起来，生活才不会太纠结。

不纠结的生活是由心态决定的。财主有衣有食、有书读，农民可能很羡慕，觉得财主衣来伸手、饭来张口的生活才是幸福的。可财主不这么想，他觉得如果能将全世界的财富独揽于怀中他才幸福。反过来说，一个农民坐在没有屋顶的房子里吃着粗茶淡饭，财主可能觉得他挺可怜，可农民不这么认为，他觉得能在自己的家里，吃上自己贤惠的妻子做的饭，这不也是一种幸福吗？正是因为他们彼此不同的境遇和生活造就了他们不同的心态。

心理学家研究发现，纠结的根源，不是金钱，不是名利，也不是权贵，而是这些浮世繁华结合而生的“贪”与“欲”；而不纠结的快乐生活是由宽容、健康、感恩、希望、豁达等心灵力量组成。

我们每天奔走于熙熙攘攘的人群中，穿梭于喧嚷繁乱的尘世里，强打着精神去应付那无穷无尽的工作琐事、情感烦恼，我们的心渐渐变得麻木了。我们往往无暇顾及心灵的草场，时间久了，它也会一片荒芜，杂草丛生。

拥有宁静的心灵世界是美好生活必不可少的要素，我们每个人内心深处都需要一处避风港湾。当我们在人生路上感觉疲惫的时候，不妨暂时将生活的琐事和工作的压力抛于脑后，静静聆听心灵的声音，与自己交谈。

如果一个人的生活、工作总是安排得太满，没有留出足够的给心灵做瑜伽的时间，很容易陷入迷茫和烦躁中，有时就像掉入一个泥潭，怎么也拔不出双腿。其实，给疲惫的心灵放假，适时调整心情，就犹如一根希望的绳子，能在我们最无助的时候把我们拉出情绪的泥潭。

有一位考古学者，为了寻找古印度文明的遗迹，从当地的部落里找了一些土著人背行李，一行人朝着丛林的深处进发。头两天土著人不知疲倦、竭尽所能地赶路。但是到了第三天，土著人停下来不走了。

学者很困惑，找来部落首领问道：“为什么要走两天歇一天呢？”年迈的部落首领平静地说：“走两天歇一天，是在等我们的灵魂，因为我们的肉体走得太快，而灵魂却跟不上我们肉体的脚步。”

是呀，人哪能没有灵魂呢！走，体现了生命的存在；而停，则是在享受人生乐趣！人不应该只是匆匆赶路，应适时给心灵放个假。我们一定要留下空闲和自己相处，因为它会给我们枯燥的生活增添美丽的色彩，给我们浮躁的心灵一份真挚的沉淀，也给我们忙碌的心灵一次反省的机会。更重要的是，让我们学会了和自己相处，和自己相伴，让心灵持久地轻盈翱翔！

微笑一下，生活其实很美好

一个不懂得微笑的人，在生活、工作中往往会遇到很多让他纠结的事，当他学会微笑时，一切才会发生改变。所以有人说："同事的最高境界是宽容，夫妻的最高境界是相容，朋友的最高境界是包容，生活的最高境界是笑容！"

最近汤姆很纠结，他向朋友诉说自己的苦恼："我工作兢兢业业，吃苦耐劳，可是，我的生意怎么也做不大；我拿出收入的一半来给员工发工资，可我的员工还是对我充满抱怨；我深爱我的家人，可我的妻子经常和我吵闹，孩子也不喜欢我。为什么我的生活没有一点快乐可言？"

朋友听完了汤姆的话，也学着汤姆的腔调，紧锁眉头，脸色沉重地反问汤姆："是啊，为什么会这样呢？"

汤姆一脸痛苦状地说："朋友，你就和我说说这是怎么回事。"

朋友瞪大双眼，一脸严肃地说："我没有和你打哑谜呀！"

汤姆忙回答："你还说没有，你看看你的脸，从你的表情看得出，你是在捉弄我啊！"

听汤姆这样说，朋友突然大笑起来，然后取出一面镜子递给汤姆说："我不是在捉弄你，我是在模仿你啊！"

汤姆对镜一照，惊讶地发现，朋友刚才的表情和自己现在的表情一模一样：一脸严肃和紧张，看起来一点也不讨人喜欢。

"唉，我能有好脸色吗？我要时刻注意公司的效益，监督员工们是不是在用心工作，就是回到家里，心里也不踏实，我不操心的话，又怎么能做好自己的事呢?”汤姆叹道。

朋友笑道:“生活就是你手里的这面镜子,你对它笑,你得到的也是微笑的面孔,你对它板着一张脸,它对你也就没有好脸色。凡事看开些,只要你学会微笑地面对生活,不仅自己能得到更多的快乐,很多事情也会因此得到很大的改变,你不妨试试看。”

听了朋友的话,汤姆回到公司以后,无论遇到什么不开心的事,也总是保持微笑。

他的员工看到老板那么开心,心情也跟着好起来了,工作也更有干劲了;他的妻子看到丈夫那么开心,自己也变得更加温柔了;他的孩子看到爸爸那么开心,也愿意扑在爸爸的怀里撒娇了……

没过多久,汤姆发现一切都变了:员工们工作都很努力,一点也不用自己操心了;妻子变得更体贴,很少再抱怨了;孩子也变得懂事,听自己的话了;还有更让他欣喜的是,公司的效益变得越来越好了。

这时汤姆突然发现,原来不让内心纠结其实很简单:只要保持微笑,坦然的心情就会如期而至。

充满乐观的微笑能感染他人,让自己获得更多快乐。生活在紧张、快节奏的信息时代,人们比以往任何时候都更需要微笑。发自内心的微笑,能让大家心情愉悦,能让对方热情更高。我们给别人一个微笑,别人就会回敬我们一个微笑,彼此的心门也就随之打开。微笑能让我们家庭和睦、微笑能帮我们结交到更多的朋友、微笑能帮我们敲开成功之门……可以说,人生的很多美好,都来自微笑。

如果遭遇了困难，你学会微笑，就能从痛苦中得到解脱；如果你觉得不快乐，不妨多一些微笑，这样你就不会为生活中的一些事而纠结。

人生不如意事十之八九，我们不必为生活而纠结，只有具备了笑对一切的豁达心态，才不会被挫折和不幸击倒，才不会陷入痛苦的深渊里不可自拔；只有把悲伤藏在微笑下面，才能活出快乐的自己，才能奏响人生幸福的最强音。

她原本有一个幸福美满的家庭：丈夫温柔体贴，儿子聪明可爱。可是儿子10岁时，被一场疾病夺去了生命。中年丧子的打击使她悲痛欲绝，她整日以泪洗面，对于丈夫和亲朋好友的劝导，也置之不顾。最后，她甚至决定放弃工作，离开家乡，把自己藏在眼泪和悲愤之中。

就在她整理儿子的遗物时，突然看到儿子以前的日记本，泪眼蒙眬中，她打开来一篇篇地往下看，一直看到儿子生前写的最后一篇日记，上面有这样一段话："我永远也不会忘记妈妈告诉我的话，不论生活在哪里，不论我们离得有多么远，你都要微笑，都要像个男子汉，学会承受所发生的一切！"

她把那篇日记看了一遍又一遍，觉得儿子就在她的身边，正在对她说："你为什么不照你告诉给我的话去做呢？坚持下去，无论发生什么事情，把你的悲伤藏起来，微笑着继续生活下去！"

于是，她开始振作起来，像以前一样正常生活，并开始友善地对待身边的每一个人，久违的笑容也再次回到她的脸上……

三年后，她和丈夫又生了一个儿子，看着丈夫幸福的表情，看着儿子可爱的笑脸，她觉得自己的人生又开始了新的篇章。

不纠结的生活，需要一份豁达的心态。有一个豁达的心态，你就会把人生的困苦踩在脚下；有一个豁达的心态，你就会拥有寻找快乐的力量；有一个豁达的心态，你才能拥有容下快乐的空间。积极地进行心理调节，凡事看开些，随时抛开忧虑，乐观地面对一切，快乐就会随之而来。

看开一点，你便不再纠结

我们总希望自己的人生“万事如意”，然而困难、阻碍、不幸总是会出现。如果我们总是耿耿于怀，那么我们就会活在纠结的状态中。一个人，只有对生活的种种遭遇看得开，才会有更多的开心。

如果你刚买的新车被撞坏，如果你弄丢了一个月的工资，如果你第一次投资就惨遭失败，如果你在金融危机时被公司辞退，如果你的股票跌至最低……面对着一连串损失，你会一味地抱着悔恨痛哭流涕吗？聪明的人绝不会这么做。因为他们知道，既然已经失去了那么多金钱，就不能再让自己失去更多了，比如好心情。

11 年前，全球金融风暴向我们袭来，但很多人并没有因为诸多损失整天愁眉苦脸，而是积极地调整自己的心态，不让自己为此而纠结。

“虽然金融危机中有很多风险，但同时也有很多机会。如果因为赔了钱而一味地沉浸在痛苦中，是不会有精力去发现危机中的转机的，就算是再好的机会来到你面前，你也会与它失之交臂。所以不要为打翻的牛奶哭泣，我们应该学会乐观处世，这样才有可能将输掉的再赢回来。”巴菲特如是说。

“现在中国的一些高风险行业也已经受到了影响，本人所在的行业也未能幸免。这一切都还只是刚刚开始，不知道后面是什么样的结果。如果后面的结果比现在更糟的话，那为什么不好好地把握当下？如果后面的结果比现在好的话，那还有什么好伤心的呢？要知道一切都会好起来的。纵然工资、福利各方面都不能和以前相比，但输什么都不能输了好心情。”史玉柱如是说。

“受金融危机影响，股市也一直低迷，我现在每周只看一次股指，不看盘，心情反而好了很多。心态很重要，日子好不好过完全在于你选择怎样的方式去对待，还有就是选择一个什么样的心情。天天盯着那些基本上已经‘打了水漂’的钱也没用，如果已经赔上了金钱，千万别再赔上自己的心情，划不来。”马云如是说。

“金融危机时，单位效益不景气，但我并没有因此而减少我的化妆品开销，因为我和我的两个好朋友利用空闲时间在夜市上摆了一个小摊位，这样不仅可以增加点收入，缓解一下困难，还能让自己的心情得到适当的转换，好心情加‘外快’，岂不是一举两得?”做外贸工作的马小姐如是说。

每个人都拥有很多财富，除了钱，我们还有健康的身体、和睦的家庭、竞争的能力、知心的朋友、美丽的心情。如果我们已经损失了金钱就不要再让其他的东西消失。与其花时间去哀叹、惋惜，不如养精蓄锐，寻找机会，成倍地赚回赔掉的钱。这个时候的你一定要学会调节自己的心态，以一颗平和的心去面对，尽量不要去想那些赔掉的钱。试着用转移注意力的方法让自己忘掉这些不幸：比如听音乐、看小笑话、约朋友出去钓鱼等，这些都有助于疏散你的不良情绪。

在大征兵中，美国加州有位大学刚刚毕业的年轻人被选中，即将到最艰苦、最危险的海军陆战队去服役。

自从知道自己会在海军陆战队服役的消息后，这位年轻人便忧心忡忡、心神不宁，很纠结。

他的祖父见他整天一副魂不守舍的样子，便对他说：“孩子呀，这有什么好担心的。即使到了海军陆战队，你还有两种可能，要么留在内勤处，要么是派送到外勤部门。你要是分到了内勤处，就完全用不着担心受苦受累了。”

年轻人沮丧地说："那要是我不幸被派送到了外勤部门呢？"

祖父说："那你同样会有两种可能，要么是留在美国，要么是派送到国外的某个军事基地。如果你被留在了美国，那又有什么好可怕的呢？"

年轻人问："要是派送到国外的基地呢？"

祖父说："那也还有两种可能，要么是被派送到和平地区，要么是被派送到爆发战争的地区。如果把你派送到和平的地区，那也没有什么可怕的呀！"

年轻人又问："那我要是不幸被派送到爆发战争的地区呢？"

祖父说："你同样也会有两种可能，要么是留在总部，要么是被派到前线去参加作战。如果你被派送到总部，你同样不用担心。"

"那么，若是我不幸被派往前线作战呢？"

祖父说："那同样还有两种可能，要么是安全归来，要么是不幸负伤。如果你能够安全回来，现在的担心岂不是多余的？"

"那要是不幸负了重伤呢？"

祖父说："这也有两种可能，要么是负点轻伤，没有任何生命危险；要么是身受重伤，危及生命安全。如果只是负了点于生命并无大碍的轻伤，那又何必过分担心呢？"

年轻人又问："那要是不幸负了重伤呢？"

祖父说："你同样有两种可能，要么是依然能够保全生命，要么是完全治疗无效。如果你能保全性命，那还担心它干什么？"

年轻人再问："那要是自己活不过来怎么办呢？"

祖父听后哈哈大笑着说："你人都死了，就什么都不要担心了！再说，那么多机会，你怎么知道你得到的就是最糟糕的一个呢？"

每个人的一生都会遇到各种各样的不幸。亲人的离去、疾病的缠绕、贫穷的折磨、朋友的背叛……但是这些都不至于把你推入绝境。天有不测风云，人有旦夕祸福。既然不幸已经发生，我们又没有办法改变既定的事实，不妨坦然地接受，这样，你就不纠结了。

一天，卓木然下班后本想打的回家，可是一想到坐摩托车能省几块钱，于是就坐着摩托车回家。不料半路摩托车遭遇了车祸，卓木然因此失去了一条腿。朋友们来看望他，都为他失去了一条腿而难过，卓木然却笑了。朋友们都以为他精神不正常了。

“当我醒后得知自己失去了一条腿时，我心里想，完了，以后该怎么办？继而后悔那天选择坐摩托车。不过后来我安慰自己道：‘既然已成事实，再后悔也没用，还好只是失去了一条腿，而不是整个生命。’想到这里，心情忽然不再那么沉重了。所以，我现在有足够的理由笑啊！”

因为少了一条腿，卓木然已无法胜任原先的岗位，不久后卓木然便接到了下岗通知。

朋友们知道后，准备了一大堆安慰他的理由，准备好好安慰他一番。这次又让朋友们很是意外，见面时卓木然乐呵呵的，一点儿也不像失业的人。

“你不难过？那可是下岗通知啊！”一个朋友问。

“既然下岗已成事实，我与其难过，还不如想：‘幸好只是失去了工作，但我并没有失去再创业的勇气啊！’所以，我没有理由纠结！”

再后来，因为家中的日子越来越困难，妻子跟他过不下去了。妻子走了，还带走了家中所有值钱的东西。

朋友们知道后，都为他担心，以为卓木然经过这次打击，肯定会消沉，便都赶过去看望他。当朋友们敲开他家的门时，只见他一脸欣喜，热情地招呼朋友们坐下。

“你是不是真的疯了？妻子走了，你一点也不难过吗？”朋友们冲他喊道。

“她走了，只能说明她并不是真心爱我。我失去一个不爱我的人，有什么理由纠结?”

生活中难免有失意的时候，凡事想不开，只会给自己带来痛苦；而凡事想开了，或常往好处想，就会在软弱时变得坚强，在颓丧时变得振作，在痛苦时变得愉快，在忧郁时变得开朗……。也许当你觉得没有希望的时候，另一个希望正在向你悄悄地走来。看开些，车到山前必有路，船到桥头自然直。以一颗乐观、豁达、健康的平常心面对生活，这样，人生就会拥有更多的快乐。

嫉妒之心会耗尽生活的美好

有嫉妒心的人，自己没有能力做事，便尽量低估他人的能力，希望别人也和自己一样，或者用怀疑别人、诬蔑别人的办法，来诋毁别人所拥有的能力或取得的成就。于是，因嫉妒而产生的种种痛苦便表现出来：或消极沉沦，萎靡不振；或咬牙切齿，恼羞成怒；或铤而走险，害人毁己……嫉妒来了，纠结来了，痛苦也来了。

一个人发现自己不如别人时，不是去努力提高自己，而是贬低别人，这种行为便是嫉妒。嫉妒就是心灵的牢狱。德国有一句谚语："好嫉妒的人会因为邻居的身体发福而越发焦虑。"嫉妒来了，痛苦也来了。喜欢嫉妒的人，别人年轻貌美他嫉妒，别人有房有车他嫉妒，别人才华出众他嫉妒，别人工资高他嫉妒，别人的孩子聪明能干他嫉妒，别人的妻子漂亮他嫉妒，别人出国留学了他嫉妒……于是，这样的人总是活在愤愤不平当中，人生的快乐又从何谈起？

这是一个在东南亚一带流传的关于嫉妒的寓言：

有一个人偶遇上帝，于是就祈求上帝满足他的一些愿望。

上帝说：我可以满足你任何一个愿望，但前提是，你的邻家都会得到双份。这个人高兴不已。但是，这个人有很强的嫉妒心，他想道：如果我得到一群牛羊，我邻居就会得到两群牛羊了；如果我要一箱金子，那邻居就会得到两箱金子了；更要命就是，如果我要一个美女，那么邻居就会得到两个绝色美女……他想来想去，不知道提出什么要求才好，感到自己怎么做都不合适，因为邻居都会比他得到更多。他实在不甘心让邻居比他更占便宜。最后他一狠心：

“上帝呀，你砍去我一条腿吧，这样，我才会安心。”

一个人失去了一条腿真的会安心吗？未必——心残加上身残，他会因为嫉妒那些身体健全的人而多一份痛苦。这个人本来是有更好的选择，可是因为嫉妒，他失去了本可以获得的快乐生活。这个人为什么不让上帝去掉他的嫉妒心呢？

我们总是习惯于嫉妒别人，却不懂得欣赏自己。每个人都有自己存在的价值，如果你嫉妒别人的生活比你快乐，那是因为你没有看到过他们生活的另一面。也许，在你嫉妒别人的时候，别人也在嫉妒你呢。不盲目嫉妒别人，与他人做无谓的比较，好好数数上苍给你的东西，你会更加珍惜自己所拥有的一切。

卡耐基在《人性的弱点》中说道：“嫉妒就是这样的一把小刀，藏在心中，会刺痛自己；藏在外面，会刺伤别人。”我们一旦发现自己有嫉妒的心理，马上要做出明智的决定，克服它，而克服嫉妒心理最重要的方法就是先树立起自己的自信心。只要有信心你就可以从自己以往的过失中振作奋起，并学会宽恕自己。

放弃嫉妒这种可怕的心理吧，这样你也就远离了让你纠结的生活。

迈克尔·乔丹是享誉世界的篮球明星，而他所在的芝加哥公牛队也是篮球史上最伟大的球队之一。乔丹除了拥有过人的球技，其开阔的心胸也是许多人无法比拟的。

公牛队的新秀中只有皮蓬有希望超越乔丹，但乔丹没有因此而嫉妒这位最危险的对手，并且时常给他赞扬、鼓励。

在一次训练中，乔丹问皮蓬：“投3分球谁厉害？”

皮蓬想也不想就说：“你！”

“不，是你！”乔丹十分肯定。

当时有关部门统计过，乔丹投3分球的成功率比皮蓬略胜一筹，但乔丹却对媒体解释道：“皮蓬投3分球很有天赋，他动作规范且自然，是无人能比的，而我在这方面还有很多弱点，以后他一定会胜过我。”

乔丹告诉皮蓬，自己扣篮常用的是右手，有时用左手也只是自然地帮一下，而皮蓬左右手都可以，有时用左手还要好一些。这是连皮蓬自己都没有注意到的细节。正是乔丹博大的胸襟，使得全体队员树立起了信心并增强了凝聚力，于是公牛队取得了一场又一场的胜利。

法国作家巴尔扎克说：“嫉妒者受的痛苦比任何人遭受的痛苦都大，他自己的不幸和别人的幸福都使他痛苦万分。”所以，我们必须告别嫉妒，偶尔心中有一丝嫉妒的火苗，我们都要及时将其扑灭，绝不让嫉妒这一星星之火点燃，进而毁灭我们的灵魂。只有告别嫉妒，才能重塑一个更完美、更幸福快乐的自我。

在生活中，有很多人追求完美，事事都想超越别人，样样都想比别人好，如果他愿意静下心来想想，有这个必要吗？花有千种，人有千样。每个人都各有所长。所以我们要学会全面正确地认识自己，既要看到自己的优点，又要正确看待与他人的差距，取长补短。在社会这个大舞台上，每个人都有适合自己扮演的角色，我们要找准自己的定位，并按自己的方向一步一个脚印地去付诸行动，这样才会有不纠结的生活。

内心清净，情绪自然就好

有时候我不禁这样纠结着：为什么我们会这么紧张？为什么要把自己逼迫得这么厉害？能不能不紧张呢？今天的生活太紧张，疯狂地赚钱、工作，结果得不偿失，紧张的生活，已经让人不堪重负。所得到的物质财富并不能弥补失去的精神财富，何不停下你匆忙的脚步，静下心来，听听你内心的声音呢？

在生活中，我们常为凡尘俗事而纠结。生活中的侵扰太多，心就没有办法安宁。很多人之所以烦躁不堪，就是因为内心难以宁静，因此很多人想找一片静谧的空间来抚慰自己那颗烦躁的心。但有人感觉到，世界太嘈杂了，很难找到这样一方净土。其实，一个人内心的清净，无须依靠外物，只要把心当作是人生安宁的本源，那么，他的人生就无处不得宁静。

有一位妇人，每天都从家里的花园里采摘一些鲜花送到附近的寺院里供奉佛祖，以此表示对佛的虔诚。

一天，她送花到佛殿时，恰巧遇到住持，住持非常欣喜地说道："你每天都这么虔诚地用香花供佛，来世一定会得到佛祖的庇佑，洪福无边。"

妇人听了非常高兴，答道："用香花供佛是应该的，因为我每天来寺庙礼佛时，自觉心灵就像洗涤过一样，感觉清凉无比，可是回到家中，心就不像在庙里那么安宁了。我想知道，如何在喧嚣的尘世中保持一颗清净的心呢？"

住持反问道："你喜欢鲜花，那你一定知道怎样养护花草，请告诉我，你怎么保持花朵的新鲜呢？"

妇人答道："保持花朵新鲜的方法很简单：只要每天换水，并且在换水时剪去一截花梗。只要保证花梗的一端在水里不腐烂，就能吸收水分，就不容易凋谢！"

住持道："你知道如何保鲜鲜花，就应该知道怎样保持一颗清净的心，因为两者的道理一样。我们周围的环境像瓶里的水，人则是水中花，只要不停净化自己的身心，经常自我反省和自我检讨并不断改进陋习和缺点，就能不断吸收自然给予我们的营养。"

妇人听后感激地说："谢谢大师的开示，希望以后能经常享受寺院中禅者的生活，体验晨钟暮鼓、菩提梵唱的宁静。"

住持道："施主何必等到以后呢？就现在吧，也不必一定非要在寺院中体验宁静，其实你的身体就是庙宇，呼吸就是菩提梵唱，脉搏就是晨钟暮鼓，菩提在心中，无处不宁静。"

是啊，只要心无杂念，再嘈杂、奢华、繁忙的热闹环境也可成为体验内心宁静的道场，只要你能抛开杂念，宁静的地方不一定只有寺院，哪里不可宁静呢？倘若妄念不除，即使佛祖就在身旁，你也一样无法修行。其实，生命的苦恼，原因不在苦恼本身，而是因为有一颗不能保持宁静的心。因此要解脱烦恼不纠结，就要先抛开杂念，回归本真。

有一个渔夫，每天早上出海打鱼，每次只要一会儿就能打不少鱼，一家人的生活就可以解决了。他一天的大部分时间用来和人下棋、聊天、带孩子在院子里玩耍。日子过得无忧无虑、自由自在。

有一天，他在集市上遇到一个商人建议他说："市场上的鱼很好卖，你要是每天多花点时间去打鱼，不是可以挣到更多的钱吗？"

渔夫问："然后呢？"

商人说："有了钱，你可以多买些船，然后请人给你打鱼，赚更多的钱。"

渔夫问："再然后呢？"

商人道："拥有更多的资金，你可以开间海鲜加工厂，成就一番事业。"

渔夫问："实现这个目标要多长时间呢？"

商人说："要十几年吧。"

渔夫说："实现这个目标后我又能做什么？"

商人想了想说："实现这个目标后，你就可以回渔村，整天和你的那些老朋友在一起聊聊天、下下棋，你还能和你的老婆孩子一起过着快乐的生活。"

渔夫想了想说："那还是不要折腾了吧，我现在不就过着这样的生活吗……"

老子说："致虚极，守静笃。"是啊，我们为何不像渔夫那样静下心来，细细地品味生活。生活就像一杯茶，只有细细品味，才能体会到浓郁的清香和淡雅的甘甜。范仲淹在《岳阳楼记》中写道：不以物喜，不以己悲。这就是道家所讲究的无为心态，其实也是一种获得快乐的最佳心态。无论外界发生何种变化，自我又有什么样的悲喜起伏，只要保持一种宁静、豁达、淡然的心态，你会发现，不纠结的生活原来是那么简单。

不让“坏情绪”毁了美好生活

生活中，我们会遭遇各种各样的事情：喜怒哀乐、爱恨情仇，自然我们的情绪就会跟随着起伏不定。但如果我们任由自己深陷在消极情绪中，那么种种不良的情绪就会变成阻碍我们人生航程的桎梏。要想生活充满乐趣，必须勇于忘却过去的不幸，不要让“坏情绪”左右了你的“好心情”

很多人都容易为一些小事烦恼：打开衣柜，为衣服少一件而烦恼；打开冰箱，为吃喝不美味而烦恼；打开钱包，为钞票不够花而烦恼；打开门，为天气不晴朗而烦恼。总之，身边的一切似乎都不能让他满意，他们不但顾虑着现在，而且想着未来。今天还没好好享受完，就要苦苦地思索明天怎么过，整天忧心忡忡，被坏情绪所左右。

莎士比亚说：“聪明人永远不会坐在那里为他们的损失而哀叹，而是去寻找办法来弥补他们的损失。”是的，当人们面对坏情绪时，如果不能及时缓解，这类情绪就会困扰着你，甚至危害你的身体健康，你会感到活得越来越累，快乐也离你越来越远了。

有一个农夫，每天都是快快乐乐的，每当黎明到来的时候，他都会迫不及待地问候一句：“上帝，早上好！”而他的妻子，每天总是心事重重的，当新的一天来临的时候，她总会叹息道：“哎，上帝，怎么又过了一天。”

一个阳光明媚的早晨，农夫欣喜地对妻子喊道：“多么晴朗的天空啊！你见到过这么壮丽的日出吗？”

“是的，天空的确很晴朗。”她回答说，“但同时也会带来炎热，我真担心它会把农作物烤焦。”

还有一次是在下着雨的午后，农夫赞叹道：“这真是一场及时雨啊，农作物今天可以开怀畅饮了！”

妻子听见后，忧心忡忡地说道：“但愿老天能见好就收，别一下就下个没完，那样农作物会吃不消的。”

“即使这样，你也不必太担心，别忘了，我们是买了粮食保险的。”农夫安慰妻子道。

为了让心事繁重的妻子开心快乐起来，农夫费尽周折地弄来一条既漂亮又训练有素、身价不菲的德国犬。农夫深信这条拥有多种技能的德国犬一定会给妻子带来欢乐的。

这天，农夫精心准备一番，特意请他的妻子观看德国犬的精彩表演。农夫先把一根木棍扔进湖里，然后大声命令德国犬：“去，把木棍给我取回来！”这只德国犬听到主人的命令后，立刻飞快地向湖边跑去，并毫不犹豫地跳进了湖中。只见这只德国犬在湖中上下翻腾着，一会儿浮出水面，一会儿沉入湖底，没过多久，嘴里就衔着木棍回到了主人的身边。农夫赞赏地摸了摸德国犬的脑袋，高兴地问妻子：“怎么样？这家伙表演得还不错吧？”

本以为妻子会满心欢喜地点头称赞，谁知她手捂胸口，眉头紧皱地回答道：“天啦，我都快担心死了！看它在湖里上下翻腾，总怕它会淹死在湖里！亲爱的，以后不要再做这样危险的事了。”

农夫无奈地摇了摇头。

本想帮助妻子改变“坏情绪”，没想到忙活了半天，却还是在做“无用功”。农夫的妻子之所以整天忧心忡忡，就是因为她什么事情都往坏处想，结果把自己搞得很累，“好心情”也远离她而去。

其实人生大可不必如此，在生活中应该学会“健忘”，健忘那些负面的东西。孔子说：“已经做过的事不要再评说了，已经过去的事就不要再追究了。”是的，健忘能够使我们忘掉幽怨，忘掉伤心事，减轻我们的心理负担，净化我们的思想意识；可以把我们从记忆的苦海中解脱出来，利利索索地做人和享受生活。过去的就过去了，忧愁也没有用，坏情绪只会把自己拖垮，只有“好心情”才能让自己活得开心。

东汉有个叫孟敏的大臣，出身贫寒，年轻的时候曾以卖甑为生。有一天，他的担子掉在地上，甑摔碎了，他头也不回地径自离去。有人问他：“甑摔坏了多可惜啊，你为什么都不回头看一看呢?”孟敏十分坦然地回答：“甑既然已经破了，再疼惜它也没有什么用了。”是的，甑再值钱，再与自己的生计息息相关，可它被摔破了，已是无法改变的事实，你为之感到可惜，心疼如焚，顾之再三，又有什么益处呢?

这是明代大学问家曹臣的《说典》中的一则小故事。这个故事告诉我们：不要为无法改变的事痛惜后悔，过去的就是过去了，惜之也不能再来。

无独有偶，在现代社会，也发生过类似的事情：一位老人在高速行驶的火车上不小心把刚买的新鞋从窗口弄丢了一只，周围的人备感惋惜。不料那老人立即把第二只鞋也从窗口扔了下去，这举动更让人大吃一惊。老人解释说：“这一只鞋无论多么昂贵，对我而言都没有用了。如果有谁能捡到一双鞋子，说不定他还能穿呢!”

是呀，甑被打破，不可能恢复原状，鞋子丢了，也无法找回来，任凭你哀叹后悔，捶胸顿足，也无法改变这个既成的现实，不必为此纠结。聪明的做法就是像孟敏那样头也不回，径自离去；或者像那老人一样，把另一只鞋子也扔出去，这才是人生的大智慧。

既然事情无可挽回，就不要再耿耿于怀。要知道，悔恨过去，只会损害眼前的生活。调整好心态，勇敢地面对现在和未来，才是在生存压力非常大的今天最应该做的一件事情。辛弃疾说过：“叹人生，不如意事，十之八九。”八百多年前如此，八百多年后的今天更是如此：下岗，被精简，被老板炒鱿鱼，事业不如意；落选，被降职，被顶头上司冷落，工作不如意；妻子总是抱怨钱不够花，孩子总是吵吵闹闹，家庭不如意；经商亏本，工厂赔钱，路上被窃……林林总总，不一而足。哪一样都可能给我们带来“坏情绪”，哪一样都可能毁了我们的“好心情”。

所以说，人生中并不都是诗情画意，痛苦和不幸无时不在，当你总是像那个农妇一样怨天尤人时，你永远会活得很累，不要让“打破的甄”潮湿了我们的心情，不要因为丢掉的一只鞋而伤心不已。我们还有很多事要做，我们没有理由拒绝每一天新的生活，赶走你的“坏情绪”，让“好心情”进驻你的心房吧！如果你这样想又这样做了，你会惊奇地发现：心头的阴霾早已消散而去，剩下的，就是不纠结的生活！

得一物得一愁

五光十色的视觉感受，会让人眼花缭乱产生错觉。纵情围猎，使人内心疯狂。珍稀的器物，使人行为失常。因此，有道的人只求安饱而不追逐声色之娱，他们摒弃物欲的诱惑而吸收有利于身心自由的东西。

如果一个人过分追求感官刺激，则会伤其身、乱其心。一个人一旦被欲望缠上了身，他就难以得到安宁，时刻仿佛有大患在身，无论得宠还是受辱，心理上都时时会处于惊恐之中。这往往就是很多人纠结的根源。

人生在世，多一物多一“纠”，少一物少一“结”，不要为外物所拘，心安理得处，就可明心见性。

有个商人娶了四个老婆：第一个老婆伶俐可爱，像影子一样陪在他身边；第二个老婆是他抢来的，美丽得让人羡慕；第三个老婆为他打理日常琐事，不让他为生活操心；第四个老婆整天都在忙，但他不知道她忙什么。

商人要出远门，因旅途辛苦，他问哪一个老婆愿意陪伴自己。

第一个老婆说：“我不陪你，你自己去吧！”

第二个老婆说：“是你把我抢来的，我也不去！”

第三个老婆说：“我无法忍受风餐露宿之苦，我最多送你到城郊！”

第四个老婆说：“无论你到哪里我都会跟着你，因为你是我的主人。”

商人听了四个老婆的话颇有感触：“关键时刻还是第四个老婆

好！”于是他就带着第四个老婆开始了他的长途跋涉。

其实，这里所说的四个老婆就是我们自己！

第一个老婆指的是肉体，人死后肉体要离去。

第二个老婆是指金钱，许多人为了金钱辛劳一辈子，死后却分文带不走，无非是水中捞月。

第三个老婆是指自己的妻子，生前相依为命，死后还是要分开。

第四个老婆是指个人的天性，你可以不在乎它，但它会永远在乎你，无论你是贫还是富，它永远不会背叛你。

如果有一个地方，能让我们心安，能让我们抛却浮躁，那不正是我们理想的栖息地吗？我们又何必刻意地去寻找呢？一片生机盎然的花圃，一座巍巍葱茏的大山，一场密密匝匝的雪花，一本泛着墨香的书卷，都可以成为我们自由的栖息地，都可以容纳我们放逐的心灵和漂泊的意志。

要想自由地栖居，耐得住寂寞，必须放得下浮华。如果心恋浮华，不舍喧嚣，是不会得到心灵的安宁的。这就好比一个人，终日汲汲于富贵，切切于名禄，桎梏于外物，他又怎么可能出离尘世而追寻幽独？又好比是一匹马，如果被拴上了车套，它只有一味地卖力奔驰，哪里还会有机会停下来思索自己的生命呢？

要有自己自由的栖息地，就不要受拘于外物。因为外物总是短暂而容易腐朽的，只有生命的灵魂才是永恒。我们又怎能让短暂的腐朽来妨害对于永恒生命的思索呢？

不拘于物是一门哲学，需要有大智慧，需要懂得放下。智慧会让我们生活得快乐充实；放下会让我们生活得轻松无羁。

有的人对生命有太多苛求，弄得自己生活在筋疲力尽之中，从没体味过幸福和欣慰的滋味，生命也因此局促匆忙，忧虑和恐惧时常伴随，一辈子实在是糟糕至极。须知月圆月亏皆有定数，岂是人力所能改变的？不如放下，给生命一份从容，给自己一片坦然。你要知道，错过了太阳，不是还有浩渺的繁星在等待吗？

人生一世，是不可能一帆风顺的。只有不拘于外物，才会另有收获。人生一切痛苦的根源，就是对于外物的追求和执着。超越外物，就是超越自我。无物也就是无我，自己的心境也就不会随着外物的变化迁移而波动。正所谓“是进亦忧，退亦忧”，不假于物，才能造就真实的自我。

不再忧虑，生活就会美好

生命并不是一帆风顺的幸福之旅，而是时时摆动在幸与不幸、沉沦与浮光之间。我们在意的事情太多，每天都被各种烦恼和忧虑包围着，我们总是喜欢夸大事情的消极后果，自己吓唬自己。如果我们觉得预期的事没有如愿发生，就会觉得很恐怖，难以接受。我们在这日复一日的忧虑中未老先衰。是的，再没有什么比忧虑更让人老得快。

忧虑如同慢性毒药，会让我们愁容满面，甚至一夜白头。而解毒的良方，就是培养阳光心态。

忧虑是我们走向成功的一大天敌，它剥夺我们的快乐，使我们对生活丧失信心和勇气。忧虑会使我们一事无成。

古时候，有个皇帝整天忧心忡忡。他担心敌国入侵，害怕王宫的珍宝被盗，怀疑大臣们不忠……总之，自从他当上皇帝那天起，他就每天都会被噩梦惊醒。

一天，皇帝站在城墙上，望着忙碌的百姓，心想：他们过得快活吗？我都如此不快乐，真难以想象他们过得是什么样的日子。

他找来最破旧的衣服扮成乞丐，打算去王宫外看个究竟。

傍晚时分，皇帝来到了郊外一座破旧的农舍前。一位头发花白的老者正坐在昏暗的厨房里吃着一小块馒头，但笑容却灿烂无比。皇帝忍不住走进去问道："你怎么这么快乐？""我是个手艺人，靠做木活为生，今天赚了足够的钱，晚饭有了着落，当然开心了。""如果明天你赚不到钱，你还会开心吗？"皇帝问。老者看了看一脸愁容的"乞丐"，笑着说道："开心和不开心都是自己决定的，跟别人没关系。”说完，他把馒头切成两半，将一半分给了“乞丐”。

皇帝回到宫殿后很不解：“快乐怎么能由自己决定呢？我要考验考验他，看他能快乐多久。”于是皇帝连夜颁布一条法令——城里的所有木匠必须到皇城门口站岗一个月，并规定站岗的酬劳得等到月末才发。

第二天早上，那位老者当然也被侍卫长抓到城墙外站岗，直到天黑才被放回家。晚饭时间到了，皇帝急忙换上乞丐的装束，又去了老者的家，他暗自得意：看你还开心不开心！

到了老者家，老者依旧热情地邀请这位昨天认识的“乞丐”共进晚餐，桌上不仅摆放着馒头，还有白酒。皇帝好奇地问：“你今天的晚餐怎么如此丰盛？”老者笑着说：“我奉命去城门站岗，到月末就能拿到酬劳，所以我去当铺当掉了站岗时发给我的佩剑。你瞧，咱们现在不仅有馒头吃，还有酒喝，这是多么开心的事啊！”“这可是会杀头的啊！”皇帝故意惊叫道。“没关系，等月末发钱了我就可以赎回那把剑了。”皇帝又问：“没了佩剑，你怎么站岗啊？”“我可以做个假的，放在剑鞘里不会让人看出来的。”老者胸有成竹地说。

第三天早上，皇帝来到城门口，看到老者的“佩剑”插在剑鞘里，一点也看不出来是假的。正在这时，对面一阵骚动，一个面有饥色的乞丐偷了行人的钱，正好被侍卫长逮个正着，四面的人都跑来围观。侍卫长严厉地说：“偷盗的惩罚是砍手。你，”他对着正在站岗的老者招了招手，“用你的佩剑把小偷的右手砍掉。”

老者的处境可真是很糟糕，首先他不想砍乞丐的手，另外他的“佩剑”是假的，一旦被发现他也会人头落地，连皇帝都替他捏一把汗。就在这时，老者仰头大声说：“神啊，如果这个人罪大恶极，请赐予力量砍掉他的右手；如果他是迫不得已，值得饶恕，请把我的铁剑变成木头的吧！”

说完他假装使出全身的力气抽出了佩剑。围观的群众惊呼起来："剑变成木头的了！神显灵了！"侍卫长也惊呆了，只好放了那个乞丐。

从此，木匠成了皇帝最器重的大臣之一。

俗话说，世上本无事，庸人自扰之。忧虑使很多人不敢尝试，害怕涉足未知的领域，没有勇气面对失败。忧虑的人往往把困难和危险放大，当你真的走近时，会发现那些只是虚无缥缈的幻觉。其实栅栏并不高，难以逾越的只是栅栏的影子。

既然忧虑是魔鬼，是毒药，难道我们就任由忧虑肆意摆布我们的命运吗？其实忧虑是可以征服的，不管遇到什么事，都要做最好的准备，做最坏的打算。不妨经常问问自己：这件事最糟糕的结局会怎样？这种结局的可能性有多大？

有位商人就是这样走向成功的。刚开始他做什么都不顺利，他曾经也忧虑过，后来他发现忧虑对他一点帮助都没有，缩手缩脚，反而让他失去了很多机会。于是他问自己："最坏的结果是什么？公司破产，负债累累。会死人吗？当然不会。只要我还活着，一切都有可能。"这样他轻松了很多，他以一种轻松的心态工作，工作也变得轻松了，因此他一步一步走向了成功。

卡尔·道格拉斯说得好："别把生命看得太严肃，反正你不可能活着离开。"倘若一个人能勇敢而自信地迎接一切不幸，能坦然地面对一切苦难，一路走来即使没有鲜花和掌声，幸福和快乐一样可以照亮整个心田。

不再愤怒，美好生活总是平静的

我们每一个人都希望受到他人重视、尊重和欢迎，但偏偏有时又会被人嘲弄、受人侮辱、被人排挤……生活给了我们快乐的同时，更给了我们很多伤心与不满。生活中，好多事情不值得我们纠结，我们要学会掌控自己的情绪，释放快乐，将不良情绪全部拒之门外，这样你的生活才会充满阳光，而有阳光照射的心房是不会长出杂草的。

生气会坏事，因为怒气就像炸弹一样，是具有爆炸力的。和谐的生活就像一面镜子，让人有一种宁静感与温馨感，可是如果你向镜子投一块石头，那种哗啦声是极其刺耳的，有时候简直让人难以容忍。所以，英文中生气是 anger，危险是 danger。生气与危险只有一字之差，若一味沉于生气中，就是站立在痛苦的边缘了，稍有不慎将会坠入痛苦的深渊。

有这么一家人，坐得好好的正在吃饭，拉着家常。

不经意中谈起人有良心没良心来。那女主人突然对着她丈夫说出了一句："我看你爹就没有良心。"

丈夫一时觉得失了面子，便不高兴了，重重地把饭碗摔在桌子上。

妻子见丈夫为一句玩笑话而发火，更是生气，便"哗啦"一声把饭桌掀翻了。

于是，夫妻二人动起手来。霎时间，孩子们的哭叫声四起。

妻子打不过丈夫，就开始砸锅摔碗，嘴里还骂着说："谁也甭想吃饭啦！我叫你们过！"一边喊，一边摔，弄得大人孩子浑身尽是粥汤。没过半晌，她一看自己买的锅碗瓢勺都被砸了个稀烂，就又掩面号啕大哭起来。

好一场闹剧！很多人对其都非常熟悉。固然，生气的时候摔碎东西，打破物品是一种宣泄方式，但你有没有想过，你摔碎的不仅是你的财物，更是你的生活。发泄了之后你就会痛快了吗？如果你的回答是“是”，那么你在很大程度上在欺骗自己。生气的人在他们平静之后往往会为自己的行为而羞愧。惯于发怒的人，大多是理智渐渐丧失，灵魂为情感所操纵，失去了自己的分析、判断能力的。

一个人活着，要知道自己想要什么，活得潇潇洒洒、坦坦荡荡，才能过上一种充满自信与快乐的生活，而获得这样的心境，就必须学会不生气，这是成就快乐的秘诀和根本。

在生活中，我们常常会看到这样一些人，他们往往会因一时之气，说出这样的话：

“我不为五斗米折腰，我不干了！”

“这个破工作，我不干了！”

“这不公平，我不干了。”

可是，一句“我不干了”，不能保全你已丧失的人格，不能换回他人对你的尊敬，不会为你带来更高的收入和更多的财富……所以，在不顺心的时候，我们就要把倔气、脾气和傲气这些令自己斗气的因素都收敛起来，这样，你才会获得满意的生活。

儿子狠狠地对父亲说：“天天加班不加薪，我要离开这家破公司，我恨这个公司！”

父亲听后建议道：“我举双手赞成！不过，你现在离开，还不是最好的时机。”

“为什么？”儿子很不解。

父亲说：“你应该趁着在公司的机会，多为自己拉一些客户，当自己拥有大批客户的时候，你就带着这些客户突然离开公司，这样，公司就会受到重大损失。”

儿子觉得父亲说得非常有理，于是开始努力工作，半年后，他有了许多忠实客户。

这时，父亲对儿子说：“现在是时机了，你可以报复你的公司了。”

儿子淡然笑道：“不用了，老总和我谈过，准备让我做总经理，我不走了。”

生气一般是人对心中不满的一种发泄方式，但是这种方式绝对是害人害己的。生活不如意的事十有八九，我们总被一些令人气愤的事所困扰，“气死我了”成为好多人的口头禅。但是你有没有想过，生气除了给自己增添困扰，影响自己的心情外，你又会得到什么呢？

有些人总是喜欢为一些小事而纠结。在上班的公交车上被人踩了一脚，很生气；去餐馆吃饭，等了很久还没上菜，很生气；赶车，前面的人却走得很慢，很生气……很多人都是这样重复地过着每一天，于是，没有一天是心情舒畅的，生活布满了乌云。喜欢生气的人不但影响自己的心情，还会影响周围人的心情。

詹姆士早晨起床后发现上班要迟到了，就急急忙忙地开了车往公司奔。为了赶时间，詹姆士超速了，警察将他拦了下来，并给他开了张 100 美元的罚单。

这样一来，詹姆士上班迟到了。他很不开心，到了办公室之后，看着桌上还放着昨天就该寄出的信件，他更是生气，把秘书卡利叫进来，狠狠地骂了一通。

卡利被骂得莫名其妙，她拿着未寄出的信件，来到总机小姐的座位前，责怪总机小姐没有提醒她寄信。

总机小姐觉得很冤枉憋了一肚子气，心情恶劣至极。这时，她看到公司内职位最低的清洁工没有将昨天的垃圾清理干净，就借题发挥，对清洁工没头没脑地指责了一番。

清洁工职位最低，没有人可以让她发泄了，她只得憋着一肚子怨气。

清洁工下班回到家，见到读小学的儿子把衣服、书包、零食等丢得满地都是，便把儿子狠狠地责骂了一顿。

儿子愤愤地回到自己的卧室，见到家里花狗挡了自己的路，一时怒由心起，狠狠地一脚，把狗儿给踢得远远的。

花狗惨叫着逃出门，一下子撞上一个人，被激怒的花狗狠狠地咬了这个人一口。

这个人是谁？他是詹姆士。詹姆士更加生气了，他觉得整个世界的人都在生气。没想到自己就要到家了，却被哪家的野狗咬伤了。很多时候，脾气不好的人往往都是因为自己的小肚鸡肠，为小事去斤斤计较，于是，生活就会有很多不愉快。其实，咬伤詹姆士的不是花狗，而是他自己。就像他想的那样，整个世界的人都在生气，但他不清楚的是，只要你为小事生气，整个世界都会不快乐。

很多时候，被人踩了一脚，笑笑就过去了，偶尔拥挤的时候，你也会踩到别人啊；等了很久菜也没上来，你可以笑着催促一下；有的人走得慢，你从旁边绕过去不就行了！生气，是对自己生活质量的一种摧残，它会使人一味地生活在抱怨和苦恼中。仔细想来，生气往往就是用抱怨、折磨的方式对待自己，这只能徒增自己的痛苦，只会让自己坠落到更深更惨的深渊里。因此，要心平气和地面对一切不顺的事，并积极地使自己做得更好，用自己的乐观和智慧化解烦恼。也只有这样，一个人才能积极进步，每一天都过得充足而快乐。

第二章
美好生活，需要你的不懈努力

没有一种美好是凭空而来的。当你什么都不做的时候，美好不会降临到你的身旁。只有当你认清自我，打破人生桎梏，靠自己的不懈努力去奋斗时，你才能与美好有缘。对一个足够努力的人来说，美好的生活就会像赠品一样，如期而至。

出身并不代表一切

众所周知，一个人的出身是无法选择的，有的人一出生就站在了一个很高的起点，无须太拼命就能拥有一切，而有的人一出生就注定要走一条比较艰辛的道路。或许很多人为此感到愤愤不平，觉得命运对自己很不公平，是的，命运确实不公平，可我们也必须看到，命运虽然决定了我们出生的那一刻，但我们此后的一系列选择将决定我们此后的一生。

有位哲人说过："你无法改变天气，但是能够改变心情。"不难发现，人生就是一个不断选择的过程，我们无法选择出身，但我们能够选择奋斗，并通过奋斗实现自己心中的梦想，最后过上自己想要的生活。

玛格丽特·撒切尔，1925年10月13日降生在离伦敦约160公里的格兰萨姆市的一个杂货商的家庭。当初谁也没有想到，这个出身卑微的小女孩，竟然会是掌管大英帝国命运的国家元首！

玛格丽特·撒切尔的父亲费雷德·罗伯茨是个出身贫困的杂货铺小店主，靠自己的努力维持一家人的生活。当时，她家不算穷，但是，他们并没有花园，没有室内厕所，楼上没有热水。直到二战结束，她父亲才买了第一辆汽车——一辆二手福特牌汽车。后来，父亲靠不懈奋斗，跻身于仕宦之列，担任过议员、市长、法官等职，他还把他坚强奋斗的精神、能言善辩的天赋以及对法律和政治的酷爱都言传身教给了他的小女儿玛格丽特。

父亲没有受过正规教育，为了使女儿能受到良好教育，他把玛格丽特送进当地最好的学校。5岁时，玛格丽特被送去学钢琴。父亲还带她去听音乐、演讲、时事报告，只要是有教育意义和文化性的活动，都让她参加。

玛格丽特从小聪明伶俐。在学校，她学习刻苦，成绩优异，每年考试她的成绩几乎都是位居第一。她穿着整洁，彬彬有礼，特别自信，几乎到了自负的程度。有一次诗歌朗诵比赛中，9 岁的玛格丽特得了第一名。女校长亲自为她颁奖并祝贺她说："你很幸运。"没想到这个美丽、倔强的小女孩竟傲然地答道："这并不是幸运，是我应得的!"

父亲对玛格丽特要求严格，寄予厚望。他从来不能容忍女儿说"我不能""我认为我做不到"或"太困难"等话。他教育女儿："如果事情困难，那就更有理由去做!"父亲的这句话，已经溶入了玛格丽特的血液与生命之中，它几乎影响了玛格丽特一生!

中学毕业前夕，由于受一位化学教师的影响，玛格丽特决定选读化学系。那时，在英国，大学里的化学系历来很少有女生敢于问津。玛格丽特的志向，使她第一次显示出与众多女性的不同之处。经过一年的艰苦拼搏，她终于拿到了牛津大学萨默维尔女子学院化学系的录取通知书。

有趣的是，她一进入牛津大学，就同政治结下了不解之缘。她是校内的活跃分子，参加了学校里的保守党俱乐部。惊人的毅力和勤勉的精神使她很快成为该俱乐部的主席。每到星期五晚上，这个俱乐部就举行娱乐活动，接待内阁大臣，请他们演讲。玛格丽特因此结识了众多保守党知名人士，她的组织能力和辩论才能也由此得到了锻炼和提高。

大学毕业后，玛格丽特曾在一家塑料公司当过化学师，后又到莱昂斯公司当过化学实验员，但她的目光始终在政治舞台上，她参加了当地的保守党协会，继续参与政治活动。1949 年，年仅 24 岁的玛格丽特作为保守党达特福区候选人参加竞选，虽最后被工党所挫败，但她的毅力和顽强的精神给人们留下了深刻的印象。

40年后，在玛格丽特当选保守党领袖后举行的一次记者招待会上，一位记者请她谈一谈取得胜利后的感想，她坦然回答说："因为我用心去做了，所以胜利必然属于我！我受之无愧！"

后来，她通过自我奋斗竟一跃而成为英国第一位女首相，并连选连任，创造了英国政坛三届连任的奇迹。她思想敏锐、才华过人、作风果敢、意志顽强，被誉为英伦三岛"铁娘子"。

跟大多数普通人一样，玛格丽特·撒切尔也无法选择自己的出身，她从来没想过"拼爹"，也不怨天尤人，而是选择自我奋斗，卖力打拼，最终改变了命运，迎来属于自己的辉煌，这难道还不足以鼓舞我们吗？

可能很多人并不知道，全球有80%的亿万富豪出身贫寒或学历较低，他们白手起家，自我奋斗，最后成就一番伟大事业，赢得了令人羡慕的财富和名誉。

马云出生在杭州，从小家境贫寒，他两次高考失败，第三次终于被杭州师范学院录取。毕业后，马云被分到杭州电子工业学院教英语，同时兼职做翻译。

1992年，还在大学教书的马云跟同事一起成立了海博翻译社，当时的翻译社就是个小店，所有的员工加起来只有5个人。马云跟同事一起筹集了3000元人民币，租了一个房子，房租是每月2400元，翻译社的注册资本是3000元。

创业之初并不顺利，第一个月的营业额才不到600元。入不敷出的状况令翻译社的员工动摇了，但马云坚信翻译社可以做下去。很快，马云发现卖鲜花跟礼品可以挣钱，于是他就背着麻袋坐火车去义乌批发进货。

之后，马云将办公室一分为二，一半拿来卖鲜花礼品，一半做翻译社。与此同时，马云还常常背着装满小工艺品的大麻袋，在杭州的大街上穿梭售卖。他甚至还做过一年多的药品和医疗器材销售员。

就这样，马云用这些小买卖的收入来维持翻译社的运营。皇天不负苦心人，三年后，翻译社终于开始盈利，并成为杭州最大的翻译社。然而，马云并未因此停止自己的奋斗之路，随即他向学校递交了辞呈。

1995 年，马云第一次来到美国，第一次接触互联网。他意识到中国在互联网方面的市场空白，创建了中国黄页网，但最后以失败收场。

1999 年，马云已经年薪百万，却毅然辞职，创建了阿里巴巴。2014 年，阿里巴巴在纽交所上市，马云成为当时的中国首富。

所以，亲爱的朋友们，永远不要因为贫寒、卑微的出身而丧失斗志，我们一定要明白，纵使人与人的出身有差别，人与人的境遇有差别，但这个社会在某种程度上也仍旧是公平的，它给每个人都提供了实现自我的机会，也就是说，只要我们斗志昂扬，奋力拼搏，一样可以实现人生的辉煌。

伟大的心灵导师戴尔·卡耐基曾说：“要是一个人，能充满信心地朝他理想的方向去做，下定决心过他所想过的生活，他就一定会得到意外的成功。”成功不是守株待兔，也不是天降馅饼，它需要我们拿出实打实的努力和付出，想要什么就去奋力争取，不管最后的结果是成是败，只要我们努力过了就能无愧于心。

只要你有梦想，生活就能美好

“信念”究竟是什么呢？来自潜能激发大师安东尼的说法：“信念，是一个人对于某件事有把握的一种感觉。”所以，当一个人对自己的能力很有把握时，那他就能过五关斩六将，做出好的成绩；当一个人对自己的未来充满信心时，在这种信念的指引下，他也能收获成功，铸就辉煌的人生。

罗杰·罗尔斯是纽约历史上第一位黑人州长，他出生在纽约声名狼藉的大沙头贫民窟。在这儿出生的孩子，长大后很少有人能获得较体面的工作。然而，罗杰·罗尔斯是个例外，他不仅考入了大学，而且成了州长。

在他就职的记者招待会上，他对自己的奋斗史只字不提，他仅说了一个非常陌生的名字——皮尔·保罗。后来人们才知道，皮尔·保罗是他小学的一位校长。

1961年，皮尔·保罗被聘为诺必塔小学的董事兼校长。当时正值美国嬉皮士流行的时代。他走进诺必塔小学的时候，发现这儿的穷孩子比“迷惘的一代”还要无所事事，他们旷课、斗殴，甚至砸烂教室的黑板。

当罗杰·罗尔斯从窗台上跳下，伸着小手走向讲台时，皮尔·保罗说：“我一看你修长的小拇指，就知道将来你是纽约州的州长。”

当时，罗杰·罗尔斯大吃一惊，因为长这么大，只有他奶奶让他振奋过一次，说他可以成为5吨重的小船的船长。这一次皮尔·保罗先生竟说他可以成为纽约州州长，着实出乎他的意料。他记下了这句话，并且相信了它。

从那天起，纽约州州长就像一面旗帜在他的心头飘扬。他的衣服不再沾满泥土，他说话时也不再夹杂污言秽语，他开始挺直腰杆走路，他成了班主席。

在以后的40多年间，他没有一天不按州长的身份要求自己。51岁那年，他真的成了州长。在就职演说中，他说，在这个世界上，理想、信念这种东西任何人都可以免费获得，所以成功者最初都是从一个小小的理想信念开始的。理想信念是所有奇迹的萌发点。

《陈涉世家》是司马迁所著《史记》中的一篇，是秦末农民起义领袖陈胜、吴广的传记。我们都在初中语文课本中学过这篇文章，在这篇文章中，有一句话读起来格外激情澎湃，让人斗志昂扬，这句话就是——王侯将相，宁有种乎？

是啊，那些称王侯拜将相的人，天生就是好命、贵种吗？

当然不是，在这个世界上，人人平等，不分高低贵贱。换言之，一个人的成绩是做出来的，而不是天生的，命运掌握在我们每一个人的手中，只有靠自己的努力才能改变不平等的命运！毫无疑问，罗杰·罗尔斯的故事也很好地说明了这一点，只要坚定信念，努力拼搏，一介布衣亦可成王侯。

约翰·富勒的父亲是路易斯安那州的黑人佃户，佃农的孩子大多在年幼时就必须工作。他们家中有7个兄弟姊妹，他从5岁起就不得不开始工作，9岁时开始赶骡子。

富勒有一位了不起的母亲，她的眼光与信心过人，她始终相信一家人会过上快乐且衣食无忧的生活。她经常和儿子谈到自己对生活和命运的看法："我们不应该这么穷，我们也不会一直这么穷。不要说贫穷是上帝的旨意，我们很穷，但不能怪上帝，那是因为我们从来不想追求富裕的生活，家中每一个人都胸无大志。这是我们穷的根源。"

“没有一个人想要追求财富”，这句话深深地刺痛了富勒的心，并由此改变了他的一生：他一心向往跻身富人之列，并开始努力追求财富，他从推销商品做起，开始挨家挨户地推销肥皂。

12年后，富勒用积蓄的2.5万美元作为定金，并答应在10天内筹定尾款12.5万美元购买存货公司。合约中这样规定，若逾期未补齐尾款，将失去公司，也不退定金。

接下来的几天，富勒向朋友、信托公司及投资集团借钱，到了第十天，他筹到11.5万美元，尾款还差1万美元。

时间不多了，绝望中，富勒跪下来祈祷，请求上帝指引，谁能在时限内借他1万美金。上帝没有帮他，他决定自己拯救自己。他开车沿着第六十一街走下去，看到第一家亮着灯的商店，就进去请求协助，希望上帝给他一线曙光，但是曙光没来。

到了深夜11点，富勒仍在沿着芝加哥第六十一街继续走，过了几个路口，终于看到一家承包商的办公室里还有灯光。

富勒将车在那里停下，走了进去。那位承包商正埋首办公，由于熬夜加班，已经疲惫不堪。富勒鼓起勇气，直截了当地问：“你想不想赚1000美金？”

那位承包商回答：“有这样的好事？我怎么不想？当然想。”

“借我1万美金，我会外加1000美金红利还给你。”富勒说。然后他跟那位承包商讲还有哪些人借钱给他，并且详细说明了整个投资计划。

当晚，他的口袋里揣着1万美元的支票从那里走出来。其后，他不但从接手的公司获得可观的利润还清了债，并且陆续收购了包括四家化妆品公司、一家制袜公司、一家标签公司及一家报社在内的7家公司。

后来，富勒总结经验时说：“我们很穷，但不能怪上帝。你看，我知道自己要什么。越知道自己要什么，就越能够看到机会，并且抓住机会。这样，就成功了。”

从这个故事中，我们可以看到，辉煌的人生源自坚定的信念，坚定的信念造就辉煌的人生。因此，一个人想要成为卓越人士，取得辉煌的成功，就一定要坚定信念，相信自己能通过自我奋斗实现梦想，创造奇迹。

信念是人生的真正脊梁，一个人一旦从信念上摧垮了，其人生也就变形了。有一首耳熟能详的歌名叫《小草》，其中有一句歌词是很多人的心声：“没有花香，没有树高，我是一棵无人知道的小草。”不可否认，当一个人身处社会或身边圈子的底层时，心情失落与郁闷是难免的，但我们不能长久地浸淫在这种情绪中，因为这会让我们变得颓废潦倒，彻底丧失奋斗和拼搏的动力。

新东方的董事长兼总裁俞敏洪在“赢在中国”当评委时，曾说过这样一番启迪人心的话：“我们人的生活方式有两种。第一种方式是像草一样活着。你尽管活着，每年还在成长，但是你毕竟是一棵草。你吸收雨露阳光，但是长不大。人们可以踩你，而且不会因为你的痛苦而产生痛苦，不会因为你被踩了而来怜悯你。因为人们本身就没有看到你。所以我们每一个人，都应该像树一样成长，即使我们现在什么都不是，只要你有树的种子，即使被人踩到泥土中间，你依然能够吸收泥土的养分，让自己成长起来。也许两年三年你长不大，但是八年、十年、二十年，一定能长成参天大树。当你长成参天大树以后，在遥远的地方，人们就能看到你；走近你，你能给人一片绿色，一片阴凉。你能帮助别人，即使人们离开你，回头一看，你依然是地平线上一道美丽的风景线。树活着是美丽的风景，死了依然是栋梁之材。这就是我们每一个同学做人的标准和成长的标准。”

其实，人的心灵是一颗种子，如果我们的种子是草，那我们就永远是一棵被人践踏的小草。如果我们的种子是树，就算被人踩到了泥土里，也早晚有一天会长成参天大树。所以，当理想被现实踩进泥土时，请不要悲伤与哭泣，要相信，只要种子还在，就有发芽破土、长大成材的机会，而我们所要做的就是：呵护好我们的种子，照料好它，直至它顺利长大、开花、结果。

美好都是用勤奋灌溉的

古罗马皇帝在临终时给罗马人留下这样一句遗言："懒惰是一种借口，勤奋工作吧！"当时，他的周围聚满了士兵。这成为罗马人征服世界的秘诀。

那时，任何一个从战场上胜利归来的将军都要走向田间。那时的罗马最受人尊敬的工作就是农业生产，正是所有罗马人的勤奋，使这个国家逐渐变得富强。

但是，当财富和奴隶慢慢增多时，罗马人觉得劳动变得不再必要了，于是，这个国家开始走向衰败，懒散导致罪犯增多、腐败滋生，一个伟大的民族就这样消失了。

天道酬勤，上天会按照每个人付出的勤奋，给予相应的酬劳。与此相反，懒惰是滋生一切罪恶的温床，古罗马的兴盛源于勤奋，而衰败则要归罪于懒惰。

心理学家认为，懒惰是一种病，它会慢慢地在一个人的身体里蔓延，然后渐渐地侵蚀身体、心灵，甚至是每一个细胞，最终统治这个人的全部生活和意志。一个人一旦被懒惰牵制，贪图安逸，游手好闲，就会产生逃避困难、怕苦怕累的情绪，最后变得更加堕落，不思进取。由此可见，一个人要想获得成功，就必须勤奋起来，唯有勤奋能指引其走向辉煌的未来。

永远记住，一勤天下无难事！勤奋不仅能够弥补我们先天的缺陷，还可以帮助我们改变懒惰的习惯。因此，对于那些懒惰成性的人来说，勤快无疑是根治其弱点的灵丹妙药。在古今中外历史上，成就一番事业的人无一不是勤奋的。

清朝的康熙皇帝是拥有雄才大略的一代英明君主。他的才能也是来自勤奋。康熙在很小的时候就刻苦读书，每天达 10 余小时之多。至青年时，经、史、子、集便滚瓜烂熟。特别可贵的是，他成年以后，在治理国家的实践中，知道了自然科学的重要，便苦学起自然科学来。

据史书《正教奉褒》记载：他亲自召见外国传教士中懂得自然科学的徐日升、张诚、白进、安多等人，请他们轮流到内廷养心殿讲学。讲学内容有量法、测算、天文、历法、物理诸学。就是外出巡视，也邀请张诚等人随行，每天工作空闲的时候，勤奋学习自然科学知识。

可以毫不夸张地说一句，正是由于康熙勤奋努力，励精图治，从不敢有懈怠之心，才创造了康熙盛世。跟康熙一样，美国前国务卿赖斯也是一个勤奋的人，她通过自我奋斗，成就了一番事业，让所有人都对她刮目相看。

赖斯全名叫康多莉扎·赖斯，1954 年 11 月 14 日出生在种族隔离制盛行的亚拉巴马州伯明翰，小名康迪。

和那里的很多黑人儿童的悲惨命运不同，赖斯从小就受到了良好的教育，在家人的保护下顺利长大，并凭借个人的努力获得了成功。

赖斯家相信这样一条真理：黑人的孩子只有做得比白人孩子优秀两倍，他们才能平等；优秀三倍，才能超过对方。父母告诉赖斯，在伯明翰以外有更多的机会，如果她勤奋学习，力争上游，就会得到回报。“你可能在餐馆里买不到一个汉堡包，但也有可能当上总统。”

进入学校后，赖斯勤奋学习，成绩十分出色，一年级和七年级都跳级了。19 岁那年，赖斯大学毕业，26 岁获博士学位，精通四门语言的她随后成为斯坦福大学的助教，专攻苏联军事事务。1981 年，年仅 26 岁的赖斯成为斯坦福大学的讲师。1989 年 1 月，刚满 34 岁的赖斯出任乔治·布什总统的国家安全事务特别助理，开始了从政生涯。

作为布什政府中的俄罗斯问题专家，赖斯是有史以来美国政府中职位最高的黑人女性。4 年期满卸任后，赖斯进入胡佛研究院任高级研究员。1993 年，赖斯出任斯坦福大学教务长，她是该校历史上最年轻的教务长，也是该校第一位黑人教务长。

2000 年美国大选时，赖斯作为共和党候选人乔治·沃克·布什的首席对外政策顾问，为布什出谋划策。布什当选总统后，任命赖斯为总统国家安全事务助理。她一直是布什总统的得力助手。2005 年 1 月她出任国务卿，是继克林顿政府的马德琳·奥尔布赖特之后，美国历史上第二位女国务卿。

赖斯能讲流利的俄语，是俄罗斯（苏联）武器控制问题专家。她博学勤奋，思路清晰，能够抓住复杂问题的核心，阐述能力极强。她还学过 9 年法语，并能弹一手好钢琴，喜欢看体育比赛。至今仍然独身的赖斯，生命并没有因为缺乏伴侣而逊色，她的生命在独立和勤奋中绽放出令人赞叹的光彩。

在人性的弱点中，懒惰具有一定的普遍性，它具体作用在不同的人身上，往往会有不同的表现，如，有人办事总是拖拉磨蹭，有人工作拈轻怕重，有人浑浑噩噩、得过且过，有人缺乏行动，总是幻想美好的未来会轻易实现……

然而，不管懒惰以何种形式呈现出来，我们都必须清醒地认识到，懒惰是最具破坏性、也是最危险的恶习，染上这种恶习的人，一辈子只会一事无成。因此，要想人生取得辉煌的成就，我们就必须战胜懒惰，勤奋地去学习、工作和生活。

科学家爱因斯坦说过："在天才和勤奋两者之间，我毫不迟疑地选择勤奋，她是世界上几乎一切成就的催产婆。"积极、勤奋地去自我奋斗，只有这样，我们才能创造辉煌的人生，我们才能拥有光明的未来。

你就是自己人生的救世主

我们常说："在家靠父母，出门靠朋友。"这句话本身并没有什么错，毕竟没有一个人能仅凭自己的单打独斗在这个社会上生存下来。我们置身在一个巨大的人际关系网中，时时刻刻都需要和人打交道，因此，要想获得成功，一定的人脉资源实在是必不可少。

但是，人脉只是辅助我们青云直上的有力武器，它本身并不能为我们上阵杀敌。打个简单的比方，当我们攀爬高楼的时候，很多人都想找个扶手，以便减少自己双脚的负担。但是，即便我们倚着扶梯，接下来的路程还是得靠自己的双腿一步一步地走完。

日本著名跨国公司"松下电器"的创始人松下幸之助就曾亲身经历过一段"求人不如求己"的艰辛往事。

20 世纪 30 年代，松下幸之助曾经与国道电机工厂合作生产收音机。可是让他们措手不及的是，生产出来的第一批收音机投放到市场后，竟然退货如山，批评如潮。

情急之下，松下幸之助连忙找到了国道电机厂的老板北尾，请求他改进收音机的技术，没想到北尾却语带傲慢："要是制造收音机像你说的那么简单，人人都可以去干这活了！"听了这一番恼人的话，松下幸之助随即垂头丧气地离开了国道电机厂。

然而，还不死心的他又找到了自家厂子里的技术员中尾哲二郎，诚恳地说道："中尾君，目前，松下收音机的市场情况实在是让人忧心啊，为此，我衷心希望您能带头开发零故障收音机，好吗？"

中尾面露难色，唉声叹气地说道："可我完全是外行呀，没有任何研制开发产品的专业基础，怕是会辜负您的信任啊！"

松下幸之助拍了拍中尾哲二郎的肩膀，笑着说道："你一定要做到，如果不会也没关系，可以先买些收音机回来，把它们拆开进行研究，不断学习，最后一定能研发成功！"

中尾哲二郎接受任务后，马上带领厂里的一班人马，开始夜以继日地研究和设计。经过反复检测和制造，几个月后，他们终于成功地研制出了心目中完美的收音机。

这款收音机不仅在日本广播协会取得了第一名的好成绩，而且在投放市场以后，很快就凭借自己的好性能和质量独占鳌头，顺利地占领了国内市场。

当厂里的员工都欢呼着向松下幸之助祝贺时，他却无比感慨地说了一句话："依赖谁都不是长久之计，一切困难最终都需要靠自己去解决。"

一个喜欢依赖他人的人，一旦遇到问题，总是习惯把希望寄托在别人身上，渴望对方为自己排忧解难。松下幸之助在遭遇"收音机滞销退货"的窘境时，也曾期待别人替自己扫清一切问题。可是没有人能给予他如大山般巍峨不动的依靠，最终他还是觉得"求人不如求己"，选择自主研发收音机。

事实证明，松下幸之助的选择是正确的。

由此可见，虽然依赖别人是一件省力的事情，但是比依赖更重要的是学会自力更生。何出此言呢？因为凡事喜欢依赖别人的人，早已经脱离了正常范围里的"靠"，他们执意放弃用自己的双腿行走，将全身的重量依附在扶手之上，最后的结局肯定是从楼梯上摔下来，弄得自己遍体鳞伤，惨不忍睹。

美国石油家族的老洛克菲勒为了让自己的孙子明白"自立自强，求人远远不如求己"的处世真理，还曾煞费心思地给他上了一堂意味深长的课。

有一次，老洛克菲勒带他的小孙子去爬梯子玩，当小孙子爬到不高不矮不至于摔伤的高度时，他立马松开自己扶着小孙子腰部的双手。结果，小孙子在恐惧的尖叫声中，从梯子上滚了下来。

事后，老洛克菲勒对小孙子说，他之所以松开双手并不是因为失手，也不是因为自己存心搞恶作剧。他只是想要小孙子在痛的教训中明白一个道理，凡事都要学会依靠自己，即便是自己的亲爷爷，也未必能靠得住！

在现实生活中，很多人都曾抱怨自己没有一个家财万贯的父亲，他们总觉得如果父亲能帮自己一把，那他们就能少奋斗几十年，就能不费吹灰之力获得成功。

其实，这种想法是非常幼稚的，要知道，父母就算帮得了我们一时，也帮不了我们一世，总有一天，我们要独自面对人生的风风雨雨。

所以，如果我们不能把凡事都喜欢依赖别人的坏习惯戒掉，那么我们迟早会被这块绊脚石绊倒，跌入怯懦和懒惰的泥沼之中，最终一无所获。

我国著名教育家陶行知有一首流传甚广的《自立歌》："滴自己的汗，吃自己的饭。自己的事，自己干。靠天靠地靠祖上，不算是好汉。"没错，"拼爹"都是没出息的人会干的事儿，真正有志气的人，不会把希望寄托在任何人身上，他们会自立自强，靠自己的奋斗去迎接辉煌的人生。

小仲马开始文学创作之初，寄出的稿件连连泥牛入海，悄无声息。父亲大仲马不忍见他这样，便对他说："你寄稿时给编辑先生附上一封信，说是大仲马的儿子，也许情况就会好多了。"

可小仲马不但坚决拒绝以父亲的盛名做自己事业的敲门砖，而且不露声色地给自己取了十几个笔名，以免编辑把他和父亲联系起来。

最后，经过坚韧不拔的努力，他终于取得了成功，长篇小说《茶花女》一炮打响，成为传世之作。直到编辑去拜访大仲马的时候才发现，原来小仲马正是大仲马的儿子。

依靠父亲的名气从事创作，其作品的含金量可想而知，小仲马正是明白这点，所以他才拒绝站在父亲的肩膀上，也正是因为他选择自我奋斗，最后他才写出《茶花女》这样的传世之作，并让所有人知道，不“拼爹”，一样可以成功。

每个人都是自己命运的主人，乞求别人，依赖别人，等待别人的恩赐，只能让我们养成一种惰性——那就是把命运的方向盘交给别人。相信谁都不愿意过这种受制于人的日子，既然如此，我们何不选择依靠自己去收获成功？

成为自己想成为的那个人

有个叫布罗迪的英国教师，在整理阁楼上的旧物时，发现了一叠练习册，它们是皮特金幼儿园 B（2）班 31 位孩子的春季作文，题目叫：未来我是——

他本以为这些东西在德军空袭伦敦时在学校里被炸飞了，没想到它们竟安然地躺在自己家里，并且一躺就是五十年。

布罗迪顺便翻了几本，很快被孩子们千奇百怪的自我设计迷住了。比如有个叫彼得的小家伙，说未来的他是海军大臣，因为有一次他在海中游泳，喝了三升海水都没被淹死；还有一个说自己将来必定是法国的总统，因为他能背出 25 个法国城市的名字，而同班的其他同学最多的只能背出 7 个。

最让人称奇的是一个叫戴维的小盲童，他认为将来他必定是英国的一个内阁大臣。因为在英国还没有一个盲人能进入内阁。

总之 31 个孩子都在作文中描绘了自己的未来，有当驯狗师的，有当领航员的，有做王妃的，五花八门，应有尽有。

布罗迪读着这些作文，突然有一种冲动，何不把这些本子重新发到同学们手中，让他们看看现在的自己是否实现了 50 年前的梦想。

当地一家报纸得知这一想法，为他发了一则启事，没几天书信向布罗迪飞来，他们中间有商人、学者及政府官员，更多的是没有身份的人。他们都表示很想知道儿时的梦想，并且很想得到那本作文本。布罗迪按地址一一给他们寄去。

一年后，身边仅剩下一个作文本没人索要，他想这个叫戴维的人也许死了，毕竟50年了，50年间是什么事都会发生的。

就在布罗迪准备把这个本子送给一家私人收藏馆时，他收到内阁教育大臣布伦克特的一封信，他在信中说那个叫戴维的是我，感谢你还为我们保存着儿时的梦想。不过我已经不需要那个本子了，因为从那时起，我的梦想一直在我的脑子里，我没有一天放弃过，50年过去了，可以说我已经实现了那个梦想，今天我还想通过这封信告诉我其他的30位同学：只要努力奋斗，不让年轻时的梦想随岁月飘逝，成功总有一天会出现在你的面前。

布伦克特的这封信后来被发表在太阳报上，因为他作为英国第一位盲人大臣，用自己的行动证明了一个真理：假如谁能把三岁时想当总统的愿望保持50年，那么他现在一定已经是总统了。

年少的时候，每个人都曾对未来的自己有过设想和憧憬，有的人想成为一名教师，有的人想成为一名科学家，还有的人想成为一名商人。

然而，当我们长大之后，很少有人真的实现自己的梦想，但故事中的盲人布伦克特是一个例外，他凭借着自我奋斗，成为儿时梦想中的那个人。

古罗马政治家塞内加说过："只要持续地努力，不懈地奋斗，就没有征服不了的东西。"英国物理学家牛顿也说："无论做什么事情，只要肯努力奋斗，没有不成功的。"从这两段话中不难发现，在这个世界上，永远没有等来的辉煌，而只有拼来的人生。因此，我们若想成为自己想要成为的那个人，就必须从现在开始不断奋斗，唯有如此，我们才能取得成功，实现自己的梦想。

周星驰成长的时期，正好是李小龙当红的年代，李小龙的影片在当时可谓风靡一时，多少人为之痴迷，周星驰也是其中的一个。第一次在影片中看到李小龙的中国功夫时，周星驰就入迷了。

自此，成为像李小龙那样的武术家以及一个演员的梦想在周星驰的心中生根发芽。随后，只要一有机会，他就会跑到附近的影院里看李小龙主演的影片，并开始朝着自己的梦想奋斗。

后来，周星驰报考香港无线电视台的演员训练班，却不幸落选。但这丝毫没有动摇周星驰的梦想，反而促使他积极从第一次参加的考试中总结经验，并再次报考了香港无线电视台演员训练班的夜间部，顺利成了无线电视第 11 期夜间训练班的学员。

之后，周星驰被分配到与演员梦相差甚远的电台当主持人，但是，他仍不放弃对梦想的追逐，他相信，只要自己努力奋斗，就一定能成为自己想要成为的那个人。于是，暂时当不了主演的他，就从跑龙套开始；可以当主演了，他瘦削的形象演不了功夫片，就先从演“无厘头”喜剧开始；成为卖座片大王，可以拍自己想拍的电影了，可是电影选择的主题晦涩，票房不好，他选择暂时休息想办法……

2001 年，周星驰自导自演喜剧片《少林足球》，他在片中饰演具有足球天赋的五师兄，该片在香港地区的最终票房达到 6073 万港币，不仅获得香港年度票房冠军，还打破了香港地区票房纪录。

2002 年，他凭借《少林足球》获得第 21 届香港电影金像奖最佳导演奖、最佳男主角奖以及杰出青年导演奖，而该片亦获得第 21 届香港电影金像奖最佳电影奖、日本电影蓝丝带奖最佳外语片等奖项，并被美国《时代周刊》选为“世界史上 25 部最佳体育电影之一”。

后来，周星驰身兼演员、导演、编剧、制作人、商人等多重身份，他主演的一系列电影至今仍是无数影迷心目中的经典，而他本人也终于成为一个像李小龙一样的电影明星，甚至比李小龙更出色，他还在商业上有着优异的成绩。

为何周星驰能梦想成真？答案显然是不言而喻的，那就是简简单单的四个字——自我奋斗。是的，就是自我奋斗，让周星驰一步一步接近自己的梦想，在历经了多年的等待、挣扎、锤炼后，他从一名小小的龙套，成长为一位当红巨星，以及一位出色的商人，最终迎来了属于自己的辉煌人生。

当然，或许对很多人来说，梦想似乎太过遥远，而现实又太过残酷，所以我们总有无数的借口选择放弃，而每一个借口听起来都很冠冕堂皇，足以慰人慰己。

但不知大家有没有想过，如果我们都没有为自己的梦想奋斗过，那很多年后，没有活成自己曾经渴望的模样的我们，是否还能像之前那般心安理得？如果不能，那从现在开始，请停止“拼爹”的幻想，永远心怀梦想，并为之奋斗不息！

努力让你更幸运也更美好

作家冰心曾在一首诗中写道："成功的花，人们只惊羡她现时的明艳，然而当初她的芽儿，浸透了奋斗的泪泉，洒遍了牺牲的血雨。"

正如冰心所言，在现实生活中，人们在看待他人的成功时，总觉得对方是一个备受上帝青睐的幸运儿，可实际上，每一个幸运的现在，都有一个努力的过往。越是努力奋斗的人，往往越幸运，而在众多通过奋斗而获得辉煌人生的成功人士里，邓亚萍无疑是一个鲜明的例子。

邓亚萍是乒乓球历史上最伟大的女子选手，她 5 岁起就随父亲学打球，1988 年进入国家队，先后获得 14 次世界冠军头衔；在乒坛世界排名连续 8 年保持第一，是排名世界第一时间最长的女运动员，她也是第一位蝉联奥运会乒乓球金牌的运动员，共获得 4 枚奥运会金牌，其中包括单打和与乔红组合的双打。

1997 年后，已经退役的邓亚萍开始了她长达 11 年的求学之路，她先后到清华大学、诺丁汉大学和英国剑桥大学进修学习，并获得英语专业学士学位、中国当代研究专业的硕士学位和土地经济学博士学位。

在剑桥大学近八百年的历史中，邓亚萍是第一个作为重量级的世界顶尖运动员拿到博士学位的。2002 年邓亚萍在国际奥委会道德委员会以及运动和环境委员会两个委员会担任职务；2003 年，邓亚萍成为北京奥组委市场开发部的一名工作人员。2010 年 9 月 25 日，邓亚萍成为人民搜索网络股份公司总经理。

曾经的“乒乓女皇”、剑桥经济学博士、国际奥委会官员和共青团北京市委副书记，到后来的总经理，邓亚萍经历了几次成功的大跨度人生转折。而这些成就的获得，其实都与她自身的不断奋斗密不可分。

邓亚萍的故事告诉我们一个道理：唯有努力奋斗过的人，才会铸就一个幸运、辉煌的未来，而总想着“拼爹”，一点努力都不想付出的人，只可能一事无成。

一个蛹要经过若干次蜕变才能变成蝴蝶，丑小鸭要历经千辛万苦才能成为白天鹅。然而，正是这些艰辛孕育了最终的辉煌，而这辉煌的背后，往往是种种不为人所知的坎坷过程，那些过程都是辛苦的付出和努力的奋斗。

管理大师陈安之说过：“每一份私下的努力都会有倍增的回收。”所以，当我们总抱怨没有一个好爸爸，致使成功离我们很遥远时，不如多问问自己有没有为取得成功而做出过相应的努力，要知道，成功没有秘诀，努力是全部的过程。

众所周知，乔·甘道夫博士是美国十大杰出业务员之一，也是历史上第一位一年内销售超过10亿美元保费的寿险大师。他的成功绝非偶然。

他出生于美国肯塔基州，并在那里度过了美好的童年时光。他的父亲是外国移民，生活并没有保障，过得很清苦，在移居美国不久他便和同样是移民的来自意大利西西里的一个老姑娘结婚。上帝并没有眷顾他们，他们仍然过着拮据的生活。

清贫的生活并没有打垮甘道夫一家，他们仍然在努力地改变生活状况，尽管父母没有给他创造最好的生活环境，但甘道夫并没有抱怨，他常自豪地对别人说：“我的父亲是一个勤快、能干的人，他常告诉我，在美国，你可以随心所欲地干你愿意做的事，但对你来说，从商是最好不过的事情。”

在甘道夫 12 岁的时候他永远地失去了母亲。在他读中学的时候，父亲也离开了他。

在失去双亲以后，甘道夫陷入了难以忍受的痛苦中，生活对他而言是残酷的，但他并没有放弃希望，仍在为自己的梦想努力。之后，他进入了军事研究院，1959 年，他成了一名数学老师。他并没有安于现状，利用业余时间做些辅导员的工作，238 美元是他整个月的收入。

1960 年，甘道夫迎来了生命的第一个转折，他进入了保险公司，他的推销员生涯就此展开。

甘道夫开始了忙碌的生活，早晨 5 点起床，6 点做完弥撒，然后开始一天的工作，直到深夜 10 点。如果当天的工作进展不顺利，就干脆省掉一顿饭。在他的不懈努力下，第一个星期他就达到了 92000 美元的销售额。甘道夫恨不得把生命中所有的时间都用来工作，他说：“我觉得人们在吃睡方面花费的时间太多了，我最大的愿望就是不吃饭，不睡觉，把生命的所有时间都投入到工作中。对我来说，一顿饭若超过 20 分钟，就是浪费。”

终于，在甘道夫的努力下，他成功了，他的保险额高达 10 亿美元，他一年的销售额大大超过了绝大多数保险公司的年销售额，他也成为了百万圆桌会议成员。

甘道夫在谈到自己的成功时，平静地说：“我成功的秘密相当简单，为了达到目的，我可以比别人多努力一倍，艰苦一倍，而这是大多人不愿意做的。”这样的辛苦付出不是每个人都能轻松做到的，能做到的就是走在别人前面的人。

没错，没有人能随随便便成功，我们要想走在别人的前面，就要像故事中的甘道夫一样，付出比别人多一倍甚至更多的努力。

著名商人任志强曾说：“命，是失败者的借口；运，是成功者的谦辞。失败者说命不好，心里却后悔，当初没尽力；成功者说是命好，心里却清楚付出的代价。命运，不是什么神秘的力量，而是自我的花开出的果。您如何选择，命运就如何发生。想要知道费了多少心，只须看树上挂了多少果实。”

人生，越努力，越幸运。如果“努力”是一种投入的话，那么“幸运”就是产出，所以，不管什么时候，我们都要靠自我的努力和奋斗去开启成功的大门。

第三章
学会去爱，有爱的生活最美

许多人为情所困，在爱情中痛苦地挣扎，自然也就消耗了美好。其实，爱情原本是人世间最美的一种情愫，但许多人却因为不懂得如何去爱，最后让自己的感情关系一团糟，生活陷入疲累当中。当你真正学会去爱的时候，你会发现，最美的生活就在你身边。

为爱腾出一些空间

爱情是美好的，每个人都希望自己能有恒久的爱情；真正的爱情是充满激情的，每个人都希望自己永浴爱河。那么，人生真的能永久保持爱情的甜蜜美好吗？

一个即将出嫁的女孩，问了母亲一个问题："妈妈，婚后我该怎样把握爱人呢？"

母亲听了女儿的问话，温情地笑了笑，然后从地上捧起一捧沙。

女孩发现那捧沙子在母亲的手里，圆圆满满的，没有一点流失，没有一点撒落。

接着，母亲用力将双手握紧，沙子立刻从母亲的指缝间落下来。待母亲再把手张开时，原来那捧沙子已所剩无几，形状也早已被压得变了形，毫无美感可言。

女孩望着母亲手中的沙子，有所领悟地点点头。

母亲是要告诉她的女儿：爱，无须刻意去把握，越是想抓牢自己的爱人，反而越容易失去自我，失去原则，失去彼此之间应该保持的宽容和谅解，爱也会因此而变得毫无美感，甚至会瞬间流逝。

不给爱留空间，最终会为爱纠结。比如有人因为害怕失去爱情，所以就产生了担忧。越担忧，就越是抓得紧，到最后就越容易失去。必要时，松一松手，给对方一点空间和宽容的余地也许就不会让彼此的世界那么狭窄、让人窒息。这就是所谓的"池水不要喝干""情话不要说完"，只有对爱人有所保留，爱情才会长久。

能够成为情侣是一种前世未了的缘，而要成为一辈子的夫妻则更需要互敬互爱，体贴宽容。夫妻之间如漆似胶、相敬如宾、举案齐眉，这是多么美丽的画面，所以古语说得好："只羡鸳鸯不羡仙！"但是时间长了，生活往往少了温馨却多了抱怨；双方经常为一些小事吵架，甚至恶语相向，大打出手，原先的和谐与融洽全然不存在了。

其实，谁都希望有一份美满的爱情，一个永远爱着的人，但是并不是所有人都能如愿以偿的。要知道，相爱容易相处难，爱情也是一门学问，一门艺术。

有一对老年夫妇，非常恩爱。老太太的腿脚不方便，头发花白的老先生每天上午 9 点都会准时搀扶着她从二楼慢慢走下来，然后在花园里慢慢踱步，两人谈笑将近两小时然后再回去，这种活动坚持了整整 5 年。

后来，老太太的腿脚灵便了许多，脸色也比过去红润了，老太太总是忍不住地说："这都是我老伴的功劳呀，是他帮我创造了奇迹。"

爱情具有唯一性，也有很强的排他性。可是在爱情中，有时会出现一些差错，一时冲动可能会酿成双方一生的痛苦，所以凡事多一些思量，便少一分伤害；同时，偶尔的错误也不是罪不可赦的，多一些宽容和体谅，或许就能造就美满的爱情。在一次意外之后，男女双方都懂得了什么才是最重要的，也更加珍惜对方了，所以他们的感情变得更加深刻。

执子之手，与子偕老，爱情的色彩是需要彼此去共同维护的。倘若不能给彼此以空间，结果就必然是感情难以维系。那么何不宽容一点？两个人从步入红地毯的那一天到走到生命的尽头，中途必定会发生这样那样的故事，有的故事可以让彼此的感情更加深厚，而有的故事却很可能让爱情遭遇挫折。那么，你选择什么？宽容还是计较？没有人能保证自己不犯错误，包括我们自己。如果对方的犯错是出于无意而并非本质的改变，那么，你不妨原谅他（她）一次。尽管这种原谅会让你心里不舒服，但只要你给了他（她）回旋的余地，他（她）就不可能一错再错。如果你不原谅他（她），那么他（她）就只能一错到底，那段感情也就再也不会回来了。

有爱，生活才会更美好

心理学家弗洛姆曾经说过这样的话："生命是不可以没有爱的，没有爱的生命是不能在世界上存在的，哪怕是一天!"是的，没有爱的生命意味着什么，孤独？寂寞？还是在爱的纠结中痛苦？总之人生的一切痛苦都会随之而来。有爱，才可以快乐。当内心有爱时，每一句话都是快乐的音符。当内心有爱时，每一个动作都会播下快乐的种子。当内心有爱时，我们周围的阳光也会跳起快乐的舞蹈。

快乐是什么？是爱，是真爱。在我们每个人的心里，都存在着一种信念，它提醒着我们什么是我们最珍视、最渴望的东西，那就是爱。在《睡美人》这个故事中，女主人公从一位英俊的王子那里得到深情的一吻，因而从漫长的睡梦中醒来，来到王子居住的宫殿，从此两人过上了快乐的生活。这就是真爱的力量。

有爱才会有快乐，人生要是没有了爱，那么什么都消失了，阳光风景、浪漫情怀，一切的一切都可能消失殆尽！所以佛说："慈心，是亲爱和好的心，希望他人有幸福，是无量心、是大丈夫心。要做什么事，都要有爱心；要说什么话，都要有爱心；要想什么事，都要有爱心。这样做，爱心会支持这世界，会使世界有福乐，人与人之间不相疑忌、不相仇视。这样，全世界会美好起来，一切众生，亦都是很安乐的。"

一天，两个衣衫褴褛的农村兄弟来到城里讨饭，大的10岁，小的才5岁。他们敲响第一户人家的门，这家人在门里说："自己去干活挣钱，有钱就有饭吃了，不要来麻烦我们。"他们又来到另一户人家的门口，里面的人说："我们这里是不会施舍任何东西给叫花子的。”

遭到了很多次的拒绝与斥责，兄弟俩很伤心。后来，他们遇到了一位好心的妇人，她对他们说：“唉，我可怜的孩子，让我去看看有什么东西可以给你们吃。”过了一会儿，她拿了一瓶牛奶送给了兄弟俩。

兄弟俩坐在公园的草地上，像过年一样高兴。弟弟双眼凝视着牛奶，对哥哥说：“你是哥哥，你先喝！”哥哥看了看弟弟，拿起奶瓶假装喝了一口。其实他双唇紧闭，一滴牛奶也没喝到。然后，他把奶瓶递给了弟弟：“现在轮到你了，一次只能喝一点点啊。”

弟弟急忙接过奶瓶，喝了一大口，哥哥又接过瓶子，假装喝了一口。就这样奶瓶在兄弟两个手里来回传递，哥哥一会儿说：“现在该你了。”一会儿说：“该我了。”一瓶奶就这样喝完了，而哥哥一滴也没有喝到。

哥哥付出了爱心，得到的是弟弟的满足和快乐。哥哥因付出得到了回报而幸福，当然，这种爱的回报是无限的。虽然他肚子空空，却幸福满满。

只要有爱就有足够的力量和信念去改变这个世界。心中有爱的人即使孤苦伶仃、无家可归，生活也会有希望，会有勇气把梦想变成现实。心中无爱的人即使锦衣玉食、子孙满堂，活着也是行尸走肉，因为他们已把心灵带进了坟墓。正是因为有爱，我们的生命才有了光芒和色彩。

爱是接纳并且鼓励别人，爱是一种人与人的相互给予。我们也许正缺少这种爱意。我们之中有许多人一生中都只会依照自己的方式去爱，而忽视了别人的需求。举例来说，当我们在家里准备晚宴的时候，最在意的是家看起来亮不亮堂、菜肴精不精美，而不是我们的亲人。我们也许忘记了答应孩子们去野游的承诺，而只是以忙为借口。我们也许有一年没有送礼物给自己最好的朋友了，原因是想不出送什么合适的礼物。我们一心想的只是自己的风光和体面，而从未意识到如果沉迷在自我之中，将会没有办法向别人表达出真正的爱！

如果是这样的话，我们不妨尝试着去表达这种对亲人和朋友的真爱，我们会发现，表达或是给予真爱，会使我们感到快乐和满足，而这正是我们获得人生快乐的源泉。

在现代生活中，繁忙使我们的心灵处于沉睡状态，往往忘了什么是最要紧的东西，忘了爱到底是什么。

曾经有个小男孩，他非常渴望见到上帝。他知道要走很远的路才能见到上帝。他收拾好行囊，带上几个面包几瓶酸奶就上路了。

他走了几条街，有点累了，这时他看见一位老婆婆坐在公园的长椅上，聚精会神地望着在草地上啄食的鸽子。

小男孩想休息一会儿，就在老婆婆旁边坐下了。他又从包里拿出一个小面包，正要往嘴里送，却发现老婆婆正望着他，好像她也很饿了。于是他把小面包送了上去，老婆婆微笑着接过面包。老婆婆笑得真好。小男孩还想看，于是他又送给她一瓶酸奶。老婆婆又送给他一个感激的微笑，小男孩高兴极了。

他们就那样一边吃，一边笑，在长椅上坐了整整一个下午，一句话也没说。天快黑了，小男孩起身准备回家，走了几步，又转回来，他张开双臂紧紧地拥抱老婆婆，而她回送给他最美丽、最动人的微笑。

小男孩回到家，妈妈马上发现儿子的脸上洋溢着喜悦，于是她问："今天你怎么这么高兴？"

"我今天和上帝一起吃了午饭，"看着妈妈惊讶的表情，他兴奋地说道，"你知道吗，我从没有见过像她那样美丽的笑脸。"

就在同时，老婆婆也回到家了，她也是满脸喜悦。她的儿子十分奇怪地问："妈妈，什么事让你今天这么高兴？"

"今天我和上帝一块儿吃面包了，"儿子还没反应过来，她又补充了一句，"你知道吗，上帝可真年轻！"

爱是家庭、人际关系等成功的关键，快乐的真正秘诀就是爱。我们必须对自己有足够的爱，以便认识到我们有能力获得快乐。我们必须相信，我们周围的人需要我们，以求获得快乐的生活。

只有做个懂得爱的人，才会真正走上幸福之路。一旦我们生活在爱之光的照耀下，我们自己就将成为一座灯塔。与其被人爱，不如去爱他人。因为，一个人只有忘我，才能发现自我；只有宽恕他人，才能被他人宽恕。快乐会在爱与被爱的缝隙中爆发出来。我们只有爱他人，才会得到他人的爱；只有做个懂得爱的人，才会过不纠结的生活。

让婚姻没有纠结

你信不信，婚姻也会打结。

两个人相处久了，就会产生“审美疲劳”，所谓的“审美疲劳”，就是和爱人相处久了，眼前的他或她，在自己的眼里不再潇洒或漂亮，其中的原因，一方面是人老色衰，另一方面是在彼此的眼里，对方已经失去了新鲜感。所以，婚姻也会打结。但是，很少有人知道，治疗婚姻打结的良药是小别。

产生“审美疲劳”的“祸根”，往往就是夫妻间要“长相厮守”。不可否认，永不分离是婚姻不可打破的定律，但是有人却把爱情中“永不分离”的誓言发挥到极致，他们在婚后总去追求“形影不离”，好像这才是“长相厮守”“永不分离”，这才能体现出他们婚姻的完美。其实，婚姻中的“长相厮守”和“永不分离”，是两个人一生的承诺，它不局限于一时。给婚姻中的彼此留一点空间，适当分离，才能给婚姻带来激情。

有人说，“小别胜新婚”“距离产生美”，从生理和心理的角度说，适当分离，不仅能给人在生理上有一个恢复的机会，而且在感情上会因为分别而思念，这些都是点燃婚姻激情的元素。

从然和黄子林结婚已经五年了。在结婚之前，他们就爱得天昏地暗，两个人发誓今生今世永不分离。婚后，他们似乎是实现了婚前的誓言，他们除了工作之外，剩余的时间几乎都在一起。在工作上的应酬能推掉就推掉，一下班就早早回来陪对方。双休日也变成了两个人的世界，他们从来都是在一起活动。从然不再和姐妹们逛街，黄子林也不再单独和朋友小聚。在家里，他们更是如胶似漆，从然在做饭的时候，黄子林总喜欢从背后抱住她的腰，觉得她做饭的时候是那么迷人，有一种女性特有的魅力。

最初，他们确实是过了一段甜蜜的日子，但不到两年，他们就觉得婚姻渐渐地寡味了起来，但他们谁也没有说，或许是怕这种感受说出来伤对方的心，他们仍保持着形影不离的原状，只是在一起时少了一些共同的语言和亲昵的动作。

可是最近似乎情况更糟糕了，黄子林甚至懒得和从然一起逛街，觉得这样的老婆带出去丢人。黄子林觉得老婆越来越难看，每天只知道忙家务，还常常搞得衣冠不整，不懂得情调和浪漫。在家里看看眼前这个女人，蓬松的头发，脸上卸下不知涂了几层厚的妆，斑点、暗疮就全堆积在脸上。他怎么也不相信，当初竟然爱上了这个女人。

而从然呢？她也发现了生活中的严重不协调，黄子林的大男子主义非常严重，在家里更是懒于家务，比如他总让从然在厨房做饭，一切家务都是从然来做——以前好像也是这样，可从然认为是自己忍受了五年。

于是，两个人的生活变成了小吵天天有，大吵三六九，人们常说的“七年之痒”好像提前到来了。终于有一天，从然和黄子林同时说出了这样的话：“婚姻真的没意思，不如我们离婚吧！”可他们也曾经是恩爱有加，而现在居然这么轻易地就提出了离婚，这好像不是他们的结局。可是，继续这样过下去的话，矛盾已然存在，离婚又心存不舍，于是他们商量之后，决定暂时分开一段时间。

从然搬到公司的宿舍，他们约定两周只见一次面，平时没事也不要给对方打电话，这样两个人就有时间冷静地思考一下婚姻了。这是他们结婚五年来第一次这样长时间分离。

最初的几天，从然感到了充分的自由，自己不用陪黄子林而能在公司加班，终于可以做自己想做的事情。几天过去了，从然的心态也平和了很多，她开始觉得自己缺少了什么，有时会不由自主地想到黄子林。

黄子林在和从然分开后，每天要么在公司吃食堂，要么叫外卖，到后来吃什么都觉得索然无味，他常在吃饭时想到从然。结婚这么多年，自己不做家务，一直是妻子在打理这个家。一个女人，如果不是因为爱，还有什么能够让她五年如一日地为一个男人服务？在外面吃难以下咽的饭菜的时候，黄子林明白了，是妻子在家忙里忙外，才使自己可以那么悠闲地待在家里，这样的好妻子哪里找得到？他仔细回想他一度疯狂爱着的这个女人，才发现她是如此可爱，她把她一生最宝贵的爱、最宝贵的光阴都给了这个家、给了他，是个多么值得他爱的女人啊。黄子林对妻子的思念越来越强烈，一天，当他一个人在公司宿舍泡好一盒方便面后，一口都没有吃下去，他想起了妻子在厨房给他做饭，他在一边捣乱的情景，那种温馨让黄子林在心里产生了一种渴望。那天晚上，黄子林没有守规定给妻子打了电话。奇怪的是，从然听到他的声音却哭了。当天晚上，从然和黄子林在分开 10 天后终于又见面了，两个人都憔悴了许多，他们紧紧地拥抱在一起，像找回了失而复得的珍宝。

在那一夜，他们好像又回到了五年前，这是两个人几年来在一起时从来没有过的感觉，他们说了一夜的悄悄话，他们回忆以前的浪漫生活，言语之间透着甜蜜。

很多时候，婚姻有些沉闷，那是因为他们在一起的时间太多了，没有给彼此适当的自由空间。在那一次小别以后，他们觉得再次相聚原来是那么充满激情，以后，他们就把小别当作调剂婚姻的手段，用他们的话说，这叫“让婚姻休假”。

好一个“让婚姻休假”！不难看出，这种“休假”，能让矛盾激烈的夫妻彼此冷静下来，重新走上正常的生活轨道；这种“休假”，能让趋于平淡寡味的婚姻生活重新荡起波澜，使婚姻生活充满激情。让婚姻“休假”，套用古人的话就是“两情若是久长时，最忌朝朝暮暮；一离一别一相逢，便胜却人间无数”。

要明白，天下无不散之筵席

婚姻，是因为幸福而结合，因为痛苦而解散。可是很多人只懂得为结合而欢心，不知道因为解脱而快慰，因此，离婚的时候，会相互憎恨或指责。殊不知，婚姻就是缘到而聚，缘尽而散。从某种程度上讲，结婚和离婚的方向都是指向快乐和幸福，只不过一个是走向幸福，一个是逃离痛苦。所以，在快乐中结合，也要学会在快乐中解脱。

婚姻是一种以感情为基础，通过法律来约束的一种男女关系，这种关系很特别。当两个人在一起的时候，往往只显现出感情来，他们把法律对他们关系的一些限制深埋在心中，有时会到忘却的程度，因为在感情中掺杂法律总是显得有几分冰冷，因此很多人把夫妻的法律义务当作是因为爱而自发产生。可是，当两个人决定分道扬镳的时候，他们又会在刹那间形同陌路，在婚姻的尾声，一切事情都会通过法律的途径去处理，感情在两者之间荡然无存。

的确，有时两个人的感情总不会有法律那样永恒，但是，当两个人分手以后，不应让离婚的阴霾永远地笼罩在两个人的心头，否则，你们的离婚就是错误的选择，或者说离婚的痛苦总会挥之不去，离婚后也不会变快乐。

汤姆·克鲁斯与妮可·基德曼离婚后，并没有像一些离婚夫妻那样关系尴尬，而是在离婚夫妻中树立了优秀的模范。离婚后，汤姆·克鲁斯仍然盛赞妮可·基德曼的美丽与优秀，他们还会利用假期去探望从福利院收养的孩子，和孩子们一起享受天伦之乐。虽然妮可与前夫还有一些罅隙，但她面对这一切仍保持着优雅平和的姿态，因此，媒体评价说他们是最“阳光”的离婚夫妻。

但在现实中还有很多夫妻会因为离婚而仇视对方。这种状况，一般都是分手对一方来说非自己的本意，所以，在不得不接受这个现实之后，对以前的爱人和前段婚姻都充满了仇恨，离婚后向所有的朋友控诉对方的不良、不忠，在言语之间透着仇恨的气息……最初因离异而产生的仇视情绪，任何人可能都会有一些，但如果长此以往，对自己未来的健康和生活都会不利。其实，没有必要在离婚后还拿那段不幸的婚姻来惩罚自己，再说了，不幸婚姻的结束，往往又是寻找新快乐的开始，心怀怨恨，有时就意味着对已往情感有一份期待和牵挂，这种以前婚姻的“残余”若得不到彻底消除，将会成为二次婚姻幸福的最大障碍。

因此，离婚了，不管错在哪一方，都要以一种阳光的心态对待对方，这样才能过得更加快乐。那么，用什么样的心态对待你的前任爱人才算“阳光”呢？

第一，分手也浪漫。

婚姻是为了爱情的永恒，但离婚后就变成了一种生活体验。离婚对很多人来说是一种苦难，但其实离婚的苦难并不一定意味着损失，还可能是一笔巨大的财富。因为当离婚来临的时候，我们会更清醒地去反思自己在感情和婚姻中做得不妥的地方，在这个反思过程中，人的心智会变得更加成熟。当自己能从失败的婚姻中总结成功经验的时候，离婚的人也会有信心和热情投入下一段新的感情，更有能力把未来的感情世界经营得更好。因此，离婚虽然结束的是一段感情，但也意味着新的快乐的开始。既然结婚时为了百年好合而举行过一个仪式，那么在离婚时，为什么不为双方未来的幸福而相互祝福，也可以试着举行一个仪式呢？在离婚时，双方可以共进一顿晚餐，或向对方说句感激和祝福的话：“感谢你这么多年陪伴我，照顾我，祝愿你早日找到自己的情感归宿。”这样的分手，令双方都有一个阳光的心态迎接新的生活。

第二，不做夫妻，做寻常朋友。

不做夫妻做朋友是有胸怀和气度的表现。

谢贤与狄波拉离婚了，有人说婚姻的结束使得他们相互敌视，其实，很多人都错了。有一次，谢贤与狄波拉在派对上遇见了，令很多人想不到的是，他们居然会一起笑盈盈地在媒体前合影，对一双儿女的成长更是你一言我一语地发表自己的看法。

很显然，离婚了为什么就不能再来找你呢？不能做夫妻，但完全有可能做知己，因为往日的夫妻关系使得没有人再比对方更了解你，两个人亲近过、相爱过，可能还会有儿女将他们永远联系在一起，离婚了，不做朋友那简直就是人生的一大损失。这时，你会觉得你们的相处是那么轻松，再也没有怨恨，再也没有抱怨；对方的生活不再与你有关；可以看自己的心情去偶尔问候一下对方；生日、情人节不再为送对方什么礼物而为难；在需要帮助的时候，说不定对方会及时地出现在你的面前……

第三，有一份从容坦然。

离婚，有时不是简单的两个人感情的结束，一段婚姻往往会留下很多事需要处理，有人可能在前段婚姻中留下太多的伤痛，离婚后连仇恨、朋友、怀念、关心通通都不留下，就当从未认识过此人，似乎这样才能显得潇洒。其实，能否潇洒地对待离婚，还要看离婚后处理一些事的时候能否有从容和坦然的心态。

两年前，了了和大壮离婚了，离婚的原因是婆婆嫌了了不能生育，面对婆婆的刁蛮和老公的懦弱，她没有对自己的婚姻做太多的坚持。在办完离婚回来的路上，了了还是让男人骑车送自己回来，然后和四邻告别，用车装上属于自己的东西后，就默默地离开了家。

不久，她又结婚了。可是，虽然了了已另嫁他人，但每次听到前婆婆生病的时候，总会来看望；前夫的妹妹结婚，了了照样参加了前小姑子的婚礼，对于自己曾经被他们抛弃，了了显得很坦然。所有的人都为她的大度而感动，也包括她原来的婆婆，婆婆早知道是自己对不起原来的媳妇，但一切都晚了。

离婚会把曾经同床共枕的两个人分开，可是，虽然从法律的角度上是彻底分开了，但很多时候总还是有一些接触，可能是因为父母，因为小孩，因为朋友……这些是不可避免的事。离婚会为以后的婚姻和生活增添一份拒之不了的牵挂，这份牵挂也是一个人婚姻的一部分，并影响着以后的婚姻。人们会因为你的离婚而对你有所偏见，而自己偏激的心态会加深人们对你的偏见，有一个阳光的心态，也是在向世人宣告："离婚的人，并不是卑微的人；离婚，不是羞耻的事。"用阳光的心态面对离婚，离婚就不再是一件很痛苦的事了。

两情相悦比什么都要美好

婚姻是什么？是把一对男女约束在一起的一张纸，还是“生死契阔，与子成说。执子之手，与子偕老”的一句坚定承诺；是快乐的港湾，还是爱情的坟墓？

每个人都希望婚姻幸福，因为婚姻幸福了，我们的生活质量才能提高，这是我们获得快乐的基础。但又有多少人有幸福的婚姻呢？怎么才能让我们的婚姻更幸福呢？

有人用缘分来作为两个人结合的理由，这使得大多数人认为婚姻是上天的安排，而不受人为掌控。这种态度是错误的，婚姻也需要保护，需要经营，幸福与否，往往取决于两个人的努力。因为婚姻从来就不是静止的，犹如两个普通人的感情，他们可能是一对很好的朋友，但如果在相处的过程中，不知道时刻去维护友谊，那么他们的友谊迟早会破灭。夫妻之间的感情也是这样，我们不能靠缘分和天定，在婚姻爱情方面，两个人都是掌握快乐的主导者。有这样一个事例，很多已婚的人都会有切身的感受。

结婚之前，尹小姐对自己的男朋友非常满意，心里很是欢喜，她认为自己找到了一个完美的男人，自以为将来的婚姻生活一定会很幸福。可事与愿违，经过婚后一段时间的相处，尹小姐越来越觉得，婚后的先生和婚前大不一样了。尹小姐说，婚前，先生特别勤快，而且体贴入微，每当她逛街的时候，先生总是耐心地陪在身边，没有任何怨言；可婚后就不同了，先生却总以工作忙为借口，从不陪她逛街，对家里的事情也懒于伸手。尹小姐感到他没有以前那么体贴了，两人之间好像缺少了些浪漫，更不用说有什么激情可言。

日子长了，婚前的甜蜜没有了，取而代之的却是生活中夫妻俩的吵架拌嘴。

谁都不想看到这种局面——夫妻间的不和，甚至走向破裂的危机。造成这种结果的责任在谁？你一定会说责任在尹小姐的丈夫，他在婚后忽视了对爱情的继续经营。难道尹小姐就没有责任吗？幸福的婚姻是需要两个人投入时间和精力去维护的，在维护婚姻的过程中，我们还需要智慧，而不是一味地在对方的身上找出种种缺陷，甚至互相指责。

很多人都知道婚姻需要经营，但在现实中，有很多夫妻因付出努力却收效甚微，就放弃了对幸福婚姻的经营。他们要么选择死气沉沉的婚姻，两个人凑合着过，要么结束那令人乏味的婚姻，迅速散伙。

婚姻幸福的夫妻，他们时时刻刻都在用心“经营”自己的婚姻。在婚姻的“经营”中，关键是看你以一个什么样的心态看待婚姻，不同的态度，往往决定着一个人婚姻的不同结果。列夫·托尔斯泰说过：“幸福的家庭家家相似，不幸的家庭各个不同。”这相似与不同，往往就是对待婚姻态度的不同而造成的。因此有人发现，用恋爱心态对待婚姻，就能让婚姻充满快乐。

张先生虽然已是一个八岁孩子的父亲，但他对妻子李女士依然是百般呵护，他常常接送李女士上下班，并且风雨无阻，还不时地弄一些浪漫的约会，把妻子哄得特别开心。张先生常和妻子卿卿我我，就像新婚不久的夫妻。张先生总是自豪地对外人说：“我结婚十年了，从来没有和妻子闹过矛盾。”有人问其中的秘诀，张先生说：“在婚姻中，我们始终没有忘记继续经营爱情。我们是因为爱情而有婚姻生活，不是因为有婚姻生活才有爱情。”

张先生的话意思很明白，爱情是婚姻最好的保鲜剂。很多人把婚姻看成是爱情的结果，那么婚姻就会显得平淡寡味。

有人总为婚姻纠结，在他们看来，没有爱情的婚姻是不负责任的，也不会有快乐，没有婚姻的爱情是不完美的。婚姻只是爱情的一个阶段，不是终点；婚姻是让爱情法制化，不是把两个无关的人捆绑在一起，爱情是婚姻的基石。婚姻原本就像一杯白开水，无色无味，如果你想让这杯白开水变得光彩甜蜜，那你就赶快动起手来，用鲜花、用甜言蜜语去调这杯白开水，只要你有心，这杯无色无味的婚姻之水也会变得有滋有味。试想想，在结婚后，如果丈夫能经常买几枝玫瑰花，送到爱妻手里，做妻子的总会像以前一样甜甜地收下，虽然妻子有时会嗔怪道："物价又涨了，你花这钱干什么？"但在她的内心会有初恋般的感觉。不难看出，对于善于经营婚姻的人来说，爱情会在婚姻中继续延续以至更加完美，把婚姻经营得如恋爱般甜蜜与和谐，婚姻就会使爱情得到升华。

明和敏是同学，相爱了好几年后，敏不顾家人的反对，执意嫁给了贫穷的明。举行了一个简朴的婚礼以后，他们就过上了更加朴素的生活。

第二年，敏有了身孕，可是明却失业了。他们生活更加拮据，明开始到处去打工，而敏每天在家准备好简单的饭菜，并耐心地等待着他心爱的老公回来。敏从来没有感到寂寞，也没有因生活困难而忧郁。明每次回来都给敏带一些东西，有时就是在路边采的一朵野花，这也能让敏开心很久。

不幸的是，敏在分娩的过程中难产，虽然母子平安，但这让他们背上了一笔不小的债务。因为明要照顾妻子，他又失业了。几个月下来，家里已经没有任何可以支配的钱了，还有两万多元的外债要还，敏哭了。

经朋友介绍，明去了一家公司上班。不久，公司派他去北京出差，他想给敏买两件衣服，因为他知道妻子已经好久没有添新衣服了，但不知道敏的尺码，于是打电话问敏。敏坚决不要，她说不想乱花钱。但是，明依照自己的想象给敏买了些衣服。回家后才发现买的衣服敏穿不了，敏哭了，但接着她抱住明笑了。以后敏还一直穿着不合身的衣服，但她从来没有感到衣服有什么不合适。

渐渐地，生活好了起来，明不再送路边的野花，而总是买来鲜艳的玫瑰，在特别的日子，敏还会收到一大束。每次明回来，敏都会给明一个拥抱，一个亲吻，这些都成了她的习惯。两个人总是如胶似漆、卿卿我我。

十几年后，明有了自己的事业，并且如日中天。事业的繁忙，使他开始顾不上自己的妻子。在他的眼里，家中富有，妻子好像也不缺什么。可是，就在他刚过完四十岁生日的时候，敏突然提出了离婚。明不解但又无法阻止妻子，于是问敏要什么。敏说自己只想回老家照顾年迈的父母，什么都不想要，只想带走放在储藏室里的几箱子东西。

明很好奇，半夜里偷偷地到储藏室翻开箱子一看，里面装满了烘干的花瓣。原来，敏把明送给她的鲜花全都风干后收藏起来了。明一下子明白了敏要离婚的原因。

第二天，明乞求敏再给他一次机会，敏勉强答应了。第二天，敏收到了有生以来最大的一捧玫瑰，明在卡片上写道："这是对你这一年多时间的补偿！我忽视你，并不代表我不爱你。"

那以后敏再没有提离婚的事，而明不管工作有多忙，总不会忘记给敏买一束鲜花，或陪妻子去喝一杯咖啡，实在没有时间，明也会在短信中跟妻子说一句："我爱你！"后来，朋友常取笑他们说：

“孩子都上初中了，你们两个还像小夫妻那样缠绵。”

所以说，两情相悦，胜过房子、车子和票子。只有用心、用智慧经营的婚姻，才有“执子之手，与子偕老”的美丽浪漫，家庭才会成为爱的港湾。

学会谅解你的另一半

当我们的婚姻出现问题，婚姻中发生矛盾，存在误解，我们如何解决，如何化解其中的矛盾和误解呢？当然包容和谅解在婚姻生活中是必不可少的。很多不幸的婚姻都是由于缺乏包容和谅解，抱怨、唠叨、责骂对婚姻没有任何益处，这些会使我们的婚姻永无宁日。婚姻无须讲理，而是要讲情，要用宽厚的心包容对方的一切，包括优点和缺点，用一颗柔和的心化解所有的矛盾。

有人说，过得不纠结的婚姻太难了，其实，有时只需要一句话，如“对不起”“请原谅”“我错了”……所有的矛盾都会迎刃而解。有时宽容对方的同时，也宽容了自己。只要有爱在，谁也不想毁灭自己的婚姻。

灵子是一个敢爱敢恨的女人。第一次婚姻失败不久，就在宴会上遇见了怦然心动的赵家。赵家也有着婚姻失败的经历，因为同是天涯沦落人，在宴会上他们聊得很开心，后来他们经常见面，也许是因为日久生情，也许是因为灵子热情如火的追求。他们相识只有几个月就走入了婚姻的殿堂。结婚之初，他们都特别珍惜这段感情，尽量避免错误，精心维护着这来之不易的感情。

灵子更是把这段感情视为生活的重点，除了工作，她把所有的时间都用来打理丈夫的事务。有时候她就像一个跟屁虫，只要允许妻子出现的场合，她都和赵家形影不离。但时间一长，赵家感觉自己没有了私人空间，厌倦和疲惫陡然而生。

一次，灵子去参加一个同学聚会，无意之间听到赵家上一次婚姻失败是因为他和一位女同事有暧昧关系。从此，她开始留意赵家的行踪和电话，并发现了一些蛛丝马迹。

本来心情就不好的灵子，因单位效益不好精简员工，她又被迫下岗了。这样，她就越发加紧了对赵家的盯人战术。赵家想缓解燕子的情绪，就说：你现在没有上班了，我们要个孩子吧？灵子随口就蹦出来一句：我怀疑你有没有资格做父亲。就这样，他们大吵了一架，从此他们之间产生了裂痕。

灵子下岗，赵家的事业却蒸蒸日上。每天忙碌的赵家，带着疲惫的身体回家，看到的却是妻子冰冷的表情。赵家感觉自己快要崩溃了。他开始经常晚回家，偶尔甚至不回家。这引起了灵子更深的猜疑和不满。

深夜，趁赵家睡觉的时候，灵子翻看了赵家的手机。看到通话记录时灵子惊呆了。一个陌生女人一天给她的丈夫打十几次电话，并且很多次都超过了半小时。

第二天，她找来赵家的朋友，想问个清楚。可那位朋友却支支吾吾，这让灵子更加迷惑。她一怒之下给那个女人打了个电话，更让她震惊是，那女人却说：赵家爱我，我也爱他。

灵子把电话摔了，怒火占了上风，她直奔赵家的工作单位，恰巧赵家在主持一个会议。灵子没有听人劝阻，当着众人，声泪俱下……灵子的举动在赵家的单位引起了轩然大波，赵家被责令停职反省。这样一来，不光赵家的事业陷入了低谷，就连婚姻也濒临毁灭。

灵子回了娘家。她想着与赵家生活的一幕一幕，心中充满了懊悔。她为那天的莽撞而后悔不已，那样不但毁了赵家，也让她自己蒙上了耻辱。她想赵家现在一定非常恨她。

看着女儿伤心的样子，父亲也心疼不已。灵子父亲决定放下岳父的架子去跟赵家谈一谈，来到女婿家。看着赵家憔悴的样子，他心中的愤怒突然间变淡了。

最后，岳父说：不管你以前做过什么，这一次是我女儿做错了，她不该去你们单位闹，她也挺后悔的。赵家，你知道灵子爱你，她这么冲动，完全是因为她爱你。

第二天，赵家来到岳父家。二老找个理由出去了，只留灵子和赵家两人在家中。两个人沉默不语，最后赵家说：灵子，我们回家吧？不要再让父母操心了。我错了，我会改的。灵子满脸是泪却依旧不说话。

后来，在父母的劝说下，灵子回到了自己的家。赵家给灵子买了玫瑰花和巧克力，灵子亲自下厨做了赵家爱吃的菜。席间，赵家对灵子说：灵子，一切都是我不好。我们重新开始好吗？灵子点了点头，说：希望以后的生活会更好。

谅解确实不容易做到，需要放下面子，反复思量，左右回顾。可是，谅解与宽容的话说出来似乎又非常简单。每个人都会犯错，很多都是无意的错，当你犯错的时候，别人谅解了你，那么请把这样的谅解传递下去吧，传递给那些需要你谅解的人。

有了宽容和谅解，我们的婚姻才会更加牢固；有了宽容和谅解，婚姻才会成为爱情的港湾。

有句话说得好：结婚之前要睁大双眼，结婚之后要学会睁一只眼闭一只眼。其实在婚姻中，你不妨戴上两块有色的眼镜，一块宽容的镜片，另一块谅解的镜片，你没变，他/她没变，生活也没改变，变的只是你看待生活的方式。但似乎一切都变了，争吵少了，误会少了，心情好了，快乐多了，幸福也来了。

风雨同舟，就能遇见彩虹

“我以上帝的名义，郑重发誓：接受你成为我的丈夫（或妻子），从今日起，不论祸福、贵贱、疾病还是健康，都爱你，珍视你，直至死亡。”多么庄严而又温馨的宣誓啊！从宣誓的那一刻起，两个独立的男女就将走到一起，一起品尝人生旅途中的酸甜苦辣，一起感受生活的幸福与快乐，一起承担迎面而来暴风骤雨。不管将来等待他们的是什么，他们都会手牵着手、肩并着肩一同走下去。

爱是伟大的，它能给我们带来无穷的力量，并在无形中化为一种动力。我们毫无理由地相信它，愿意为它付出一切。因为爱，生活中诞生了奇迹：一个柔弱的女子孤身一人扛下所有的生活重担，只为病榻上的丈夫能够安心；一位铮铮男儿愿意铤而走险，甚至献出生命，只为营救自己心爱的妻子。也许你会说，这些算什么，他们顾的只是自己的小家，太平凡了。是啊，太平凡了，可正是这种平凡让人们看到希望。不纠结的生活，莫过于此。

“我能想到最浪漫的事，就是和你一起慢慢变老，直到我们老得哪儿也去不了，你还依然把我当成手心里的宝。”这首歌感动了许多人，歌词中的故事也是许多人所向往的生活。

对于一个人而言，最大的幸福莫过于和自己最爱的人一起慢慢变老。真正的爱情，不在乎物质的匮乏和生理的缺陷，爱情中的两个人要的是心与心的交融。

“我爱你”不是天天挂在嘴上才能体现它的价值，它真正的价值在相互搀扶的背影中，在岁月流逝的不弃不离里，在相互凝望的点滴关怀里。

一个医生缓缓地讲了这样两个故事：

林奶奶因为中风，经常要到医院进行物理治疗。每次来林爷爷都会陪着她，他们一跛一跛地走进运动治疗室。半个小时的运动治疗，总是累得林奶奶气喘吁吁，银灰的头发湿湿地贴在额前，而老先生总是细拢好老太太的发丝之后，再扶起她，搀着她慢慢走出治疗室，亦步亦趋，生怕老太太跌了跤。望着互相搀扶的背影，感觉到散发出来的只有幸福的气息。

李大爷因心脏病住了院，每天，医生都会去查房，再根据当天的情况给予适当的治疗。每次，李奶奶总会双手撑着下巴，靠在床上斜睨着，带着爱怜的眼神看李大爷做治疗。

在医务室里偶尔会听到两人在走廊散步时的低语，他们喃喃地交流着，倒成了另一种音乐，伴着两人互挽的背影，静静地散发幸福的气息。

“执子之手，与子偕老。”这个没有提到爱与情这两个字的句子，却充满了浓浓的爱情。没有惊天动地，只有两双互相扶持、互相传递温暖的手，在这绚烂的城市中，编织属于他们的浪漫与温柔。

李奶奶回忆起当年的事，脸上总会露出温馨的笑容。那个年代不知道什么叫作求婚，李奶奶只因为李爷爷的一句话就嫁给了他，李爷爷对李奶奶说：如果我只有一碗稀饭，我会一半留给母亲，一半留给你。

那年闹饥荒，李爷爷的母亲已不在人世，好像是上天故意安排，家里真的只有一碗稀饭了，他们谁也舍不得吃，都想让对方吃下去，结果这碗稀饭谁也没吃，三天后发了霉。

现在他们已经七十多岁了，到哪儿都手牵着手，相互搀扶。一次他们坐公共汽车，车上没有座位，有一位好心人给他们让座，但他们谁都没有坐下，他们不愿自己坐着而让对方站着，于是两个人紧紧靠在一起抓着扶手。这时车上所有的人都站了起来，他们在这朴实中看到了惊心动魄的爱情，他们的眼神中充满无限敬意。

这就是真正的爱情，不管生活中遇到什么样的痛苦和磨难，两个人共同承受，生活中的幸福与快乐，两个人共同分享。在几十年的风雨路上，谱写最美好、最真实的爱情乐章，这就是爱情，真正的爱情，不朽的爱情。拥有这样的爱情，就可以踏踏实实地走自己的路，享受自己的生活。

她淡淡一个微笑，能让他忘记世间所有；他轻轻一个转身，能让她看到生活的希望。这就是平淡的爱情，婚姻将这种平淡归于真实，走向永恒。生活中的负担因为有两个人一起承担，重量会减轻一半；生活中的幸福与快乐，因两个人一起分享而增加一倍。这样的婚姻才会滋润不朽的爱情，这样的爱情才会不断创造奇迹。

愿意付出，才能收获美好

有的女人总会为爱不爱而纠结，她们把自己的丈夫看得死死的，对丈夫的行踪了解得一清二楚，害怕丈夫有任何不轨的行为。家中的大小事务自己一手包揽，大事小事从不和丈夫商议，她们认为这是爱自己的丈夫，减轻丈夫的负担。我想问一句：你的丈夫在这个家里能体现价值吗？可以找到尊严吗？也经常听到有男人这样抱怨：真不知道女人想要的是什么，我在外面打拼，让她们过着奢华的生活，她们却还是不开心。其实女人很简单，她们对物质的要求并不高，至少一个真心爱你的女人是这样。她们要的就是你们的爱，付诸行动的爱：一个吻、一个拥抱、一朵玫瑰、一段共进晚餐的时光。

真爱的第一方面是慈，是给予喜悦、幸福的意愿和能力。也就是说，对于自己所爱的人，不要将自己的意愿强加给他，不要给你爱的人不需要的东西。你必须明白他的情况，明白你所提供的东西会不会使他不快乐。所以我们要注意观察，学会聆听，这样我们将知道做什么会使自己所爱的人幸福，做什么会使他不快乐。

在南方，有很多人特别喜欢吃一种叫榴梿的水果，榴梿味道特别重，北方人很难适应这个味道，而在南方很多人吃完榴梿后还把皮留下，以便可以继续闻这个味道。对一行禅师来说，榴梿的味道却让他害怕。有一天，一行禅师在南方的一座庙里念经，供桌上放着一颗硕大的榴梿，一行禅师没一点没办法让自己专下心来念经。终于，一行禅师受不了了，从佛堂里找了一个东西盖住那可怕的东西，然后才能继续诵经。大师后来和人调侃说：“如果你跟我说：

‘师父，我很敬爱您，我想要请您吃榴梿。’我会苦不堪言。你敬爱我，你要我快乐，但你要我吃榴梿，我就感觉不到爱了。”

这就是一个有爱心无爱果的例子。本意是很好，但没有考虑到别人的需要，爱就会很盲目，这样的爱就不是真爱。生活中，很多人会有这样的困惑：明明自己付出了很多，却被对方斥责为“不爱”。其原因就是没有看到，付出也要按人所需，这样才会有价值，这样才能给你所爱的人带来幸福和喜悦。

其实，许多小事情也可以带来无限喜悦，譬如说觉得自己有双好眼睛。只要睁开双眼，就可以看见蔚蓝的天、紫色的小花、树木和许多多彩多姿的东西。处于正念中，我们就可以接触到这些美妙和清新的东西，喜悦之心会油然而生。喜悦中有幸福，幸福中有喜悦。生活需要喜悦心，爱更需要一颗喜悦心。所以一行禅师说：“真爱总是给我们和我们所爱的人带来喜悦。如果我们的爱无法替双方带来喜悦，就不是真爱。”

在农村有一些夫妻，他们没有太多物质享受，更没有良好的经济基础，但他们之间也不乏有情调的婚姻生活。男人从田野回来，顺便会给女人摘一束野花，女人会嗅个不停，随后会灌一啤酒瓶清水，把花插在上面养着；有时，男人会带来一些野果，放到女人嘴里，把女人酸得直咧嘴……女人闻的是花香，尝的是酸果，但在她心里荡漾着的却是一种甜美。看着女人嗅着花香和酸得直咧嘴的模样，男人感到自己的女人是天下最美的，心里同样满揣着幸福。

为什么没有太多物质享受，没有玫瑰，也没有烛光晚餐，这些夫妻却显得那么幸福呢？很简单，他们能给彼此带来喜悦。两个人有喜悦心，所以才幸福。真爱离不开喜悦，真爱就是给所爱的人带来喜悦；喜悦更是维持真爱的秘诀。很多人都有这样的经历：

两个人在恋爱的时候，常把这份独特的感情与生活分开来经营。

这个时候，恋爱是奢侈的，两个人总会找一些由头，或去喝一杯咖啡，或去意大利餐厅品尝名厨的菜肴，或给女友送去一大捧鲜艳的玫瑰……一次花去几百或上千元也觉得没有什么不值，因为那种浪漫的感觉实在是太好了。结婚以后就不同了，似乎是婚姻把两个人从恋爱的浪漫中拉回到生活的现实中来，恋爱时一杯咖啡的价钱，现在可能是两口子一个月的油米钱。这个时候，生活没有了咖啡、牛排，没有了花前月下，一点情调都没有了，两个人之间好像全是洗衣、做饭和油盐酱醋茶，恋爱中那种心跳的感觉、含情脉脉的眼神、有情调的点点滴滴仿佛都被现实生活所吞噬。死气沉沉的婚姻让他们感到窒息，他们无所适从，要么选择凑合着过，要么迅速“散伙”，但这都不是他们想要的结果。

仓央嘉措说：“真爱总是替我们和我们所爱的人带来喜悦。如果我们的爱无法替双方带来喜，就不是真爱。”

我们每个人的心是一片田野，在这片田野里，埋藏着幸福的种子，只要你用真爱去浇灌，它一定会在你的心田里生根发芽，开出美丽的花。用你的真爱去浇灌你爱人的心田，同样也会开出幸福的花。学会为真爱播下喜悦的种子，让幸福生长，并保持旺盛的生命力。

爱人者，人恒爱之

不可否认，我们每个人都希望得到别人的爱，希望世上所有的人对自己善良。那么，我们每个人心中所期望的这份爱来自哪里呢？为什么有人总能获得自己满意的那份爱，但有些人总是很少得到别人的爱怜呢？其实问题的答案并不难找，问题的根本在自己，你有没有问过自己付出过多少爱呢？

索达吉堪布说："爱是阳光，让心灵的鲜花开放；爱是雨露，滋润仇恨的心灵；爱是和煦的微风，吹去心头的阴影。世界是互动的。你给世界多少爱，世界就会回报你多少爱。当接受别人爱的同时，不要忘记给别人关爱。爱给人的收获远远大于恨带来的暂时满足。重要的是改变世界前先试着改变自己。"在索达吉堪布看来，一个人少爱，得不到爱，是因为他没有一颗爱别人的心，因为爱是相互的，你付出爱，才有可能得到他人的爱。

有一个年轻人，由于在生活中遇到了很多误解和挫折，他感觉整个世界都在跟他作对，感受不到人间的爱。在不可摆脱的抑郁中，他度日如年，精神几乎要崩溃。

有一天，他登上了一座风景秀丽的大山，当看到其他人都悠闲地欣赏着美丽的风景时，他又想起了自己不幸的遭遇，内心的烦恼像洪水汹涌而至，他忍不住对着对面的大山大声喊道："我讨厌你们！我讨厌你们！我讨厌你们！"

没想到，空荡幽深的山谷不停地传来比他的声音大百倍的回声："我讨厌你们！我讨厌你们！我讨厌你们！"旁边正在旅游的人也向他投来了疑惑的目光。

似乎群山都在回应，他越听越烦。不论走到哪里，这些怨恨的声音都在围绕着他，扰得他更加恼怒。

就在他被这些声音扰得心神不定的时候，突然从身后传来了“我喜欢你们！我喜欢你们！我喜欢你们！”的声音。他扭头一看，原来在他身后有一个僧人在冲着他喊。

僧人微笑着向他走来，他便向僧人一股脑说出了自己内心的苦恼。

听了他的讲述，僧人笑着说：“生活就像刚才我们的回音，你用什么样的心态说话，它就会用同样的语气给你一个回应。你先试着改变一下自己，换一种友善的心态去面对周围的一切，会有意想不到的快乐。”

青年听了僧人的话，对着山谷喊道：“我喜欢你们！我喜欢你们！我喜欢你们！”群山真的传来了同样的回音，周围的游客们也给他送来了友好的微笑。年轻人的心情一下子舒畅了很多。

从此年轻人用和善的心态面对周围的一切，用笑脸迎接每一个人，他和别人之间的误解消除了，再没有人和他过不去，工作也走上了轨道，他也发现自己真的快乐起来了。

是啊，爱就是生活的回音壁，在生活中我们每个人都应该记住，我们付出了多少爱，生活就会回馈我们多少爱。希望得到别人的爱，就必须先去爱别人，你付出越多，得到的也会越多，你也不会再抱怨，为什么受伤的总是我？

很多时候，爱不仅能换来爱，还可以化解心中的恨，这是爱给人带来的最大回馈。

有一位得道法师原来是一位富商的随从。他与那位富商的太太相爱，并有了私情。有一次偷情被富商发现，为了自保他杀了那位富商，并带着他的太太逃往别处。为了生存他们做了山贼，后来由于厌恶那女人的贪得无厌，他毅然离开了她。

他的内心一直在谴责自己所犯的罪过，所以他决定在有生之年完成一件善举，于是他到一个寺庙出了家，做了一名游方僧人。

他知道那里有一座悬崖非常危险，已断送了不少人的性命。于是他决心在悬崖下面挖一条安全隧道，以方便人们通行。

他白天化缘，夜晚工作，就这样日复一日。

那位富商的儿子已经学会了一身武艺。他为报杀父之仇四处寻觅法师，终于在两年前找到了他，要置他于死地。

法师平静地对他说："我甘愿受死，这是我罪有应得。但是，请让我挖通这条隧道，它对于这里的人来说实在太重要了。等我完成这件事情之后，你就可以杀了我。"

于是，富商的儿子答应了他的要求，耐下性子等待着那一天。日子一天天过着，法师在不停地挖着。几个月过去了，富商的儿子在家闲等着无聊，便去帮法师挖掘隧道。在他们的共同努力下，两年后，隧道终于完成了。他整整用了30年，挖通了这条长达2000米的隧道。

法师放下手中的工具，长长地舒了一口气说："我的心愿已经达成了，现在请你杀了我吧。"

此时，富商的儿子动情地说道："你为了别人的方便付出了30年的时间，我怎能忍心砍你的头呢？"

法师的慈悲和善举，化解了富商儿子的满腔仇恨和怒火，让仇恨变成了慈悲。所以说，当一个人懂得付出爱的时候，他不仅能得到爱，更能化解他人对自己的仇恨，付出越多，得到就越多。

所以，我们没有理由抱怨这个世界缺少爱，没有理由抱怨生活中人情淡薄，没有理由抱怨他人仇恨自己，而是要反观自己，看看自己对这个世界付出了多少爱。一个人得不到爱的眷顾，那不是世人无情，而是自己做得不够。

第四章
逆境之中，你也可以享受美好生活

人生有许多逆境，逆境可以让一个人消沉，也能让一个人振奋。它起什么作用完全取决于你。其实，在逆境中，只要你有良好的心态和一往不前的勇气，你照样可以享受属于自己的美好生活。

乐观的人总能看到逆境中的美好

美国著名社会心理学家亚伯拉罕·马斯洛曾说："心态若改变，态度跟着改变；态度改变，习惯跟着改变；习惯改变，性格跟着改变；性格改变，人生就跟着改变。"由此可见，一个人若想取得成功，良好的心态是必不可少的。

在人生的旅途中，各种逆境层出不穷，此时，如果我们心态太过悲观，那就会变得萎靡不振，不思进取，最终坠入不幸的深渊，再无回旋之地。相反，如果我们心态非常乐观，坦然接受逆境的考验，那就能拨开云雾见月明。

在美国，有两位住在乡下的陶瓷艺人，一位叫杰克，一位叫亨利。

他们听说城里人喜欢用陶罐，便决定将自己烧制的最好的陶罐卖到哥伦比亚特区去。经过十多年的反复试验，他们终于烧制出了自认为最好的陶罐。他们雇了一艘轮船，准备将所有的陶罐都运过去。

没想到轮船中途遇到了强烈风暴，等风暴过后，轮船靠岸，陶罐全部成了碎片，他们的富翁梦也随着陶罐一起碎了。

杰克提议先去酒店住上一晚，明天再去城里四处走走，好好见识见识。亨利则捶胸顿足，痛苦地问杰克："你还有心思去城里四处走走，难道你就不心疼我们辛辛苦苦烧出来的那些陶罐？"

杰克心平气和地说："我们失去了那些陶罐，本来就够不幸的了，如果还因此不快乐，那不是更加不幸？"

亨利觉得他的话有道理，于是跟着杰克去城里好好地玩了几天。

在游玩的过程中，他们意外地发现，城里人用来装饰墙面的东西很像他们烧制陶罐的材料。于是，他们索性将那些碎陶罐全部砸得更碎，做成了马赛克，出售给城里的建筑工地。结果，他们不但没有因为陶罐的破碎而亏本，反而因为出售马赛克而大赚了一笔。

当不好的事情发生时，悲观的心态于事无补，只会让人损失更多，而心念一转，更乐观地看待不幸之事，我们反而能得到老天额外的馈赠。

乐观是希望之花，是力量之源，在逆境中保持乐观心态的人，总能在上帝把门关闭后，为自己找到一扇窗户。所以，做人要乐观一点，要把逆境当作对自己的考验，在考验中将自己磨成一颗闪闪发光的钻石。

塞尔玛陪伴丈夫驻扎在一个沙漠的陆军基地里。丈夫奉命到沙漠里去演习，她一个人留在陆军的小铁皮房子里，天气热得受不了——在仙人掌的阴影下也有125华氏度。天气热点儿还可以忍受，最可怕的是孤独时刻侵扰着她。她没有人可谈天——身边只有墨西哥人和印第安人，而他们不会说英语。她非常难过，于是就写信给父母，说要丢开一切回家去。

她父亲的回信只有两行字，这两行信却永远留在她心中，完全改变了她的生活，信是这样写的：两个人从牢中的铁窗望出去，一个看到泥土，一个却看到了星星。

塞尔玛一再读这封信，觉得非常惭愧。她决定要在沙漠中找到星星。

塞尔玛开始和当地人交朋友，他们的反应使她非常惊奇，她对他们的纺织、陶器感兴趣，他们就把最喜欢但舍不得卖给观光客人的纺织品和陶器送给了她。塞尔玛研究那些引人入迷的仙人掌和各种沙漠植物、物态，又学习有关土拨鼠的知识。她观看沙漠日落，还寻找海螺壳，这些海螺壳是几万年前这沙漠还是海洋时留下来的……原来难以忍受的环境变成了令人兴奋、流连忘返的奇景。

她为发现新世界而兴奋不已，并为此写了一本书，以《快乐的城堡》为书名出版了。她从自己造的牢房里看出去，终于看到了星星。

不难想象，如果塞尔玛一直停留在悲观绝望的状态里，那她的人生也不会发生这么翻天覆地的变化，她也不可能取得日后那么显著的成就。

在这个世界上，从来没有不能冲破的绝境，只有动不动就绝望的人心，从某种程度上来说，一个人所处的境况是由他的内心决定的。因此，在逆境面前，我们绝不能停滞不前，哀哀欲绝，一定要时刻告诫自己，永远保持乐观的心境，唯有如此，我们才能扭转逆境，收获一个辉煌的人生。

跌倒后，站起来就是美好

相信很多人都听过一句话——屡战屡败，屡败屡战，这句话展现出来的是一个人在逆境中不屈不挠的顽强精神，是的，哪怕跌倒100次，也要第101次站起来。

古往今来，但凡在事业上取得辉煌成就的人，无一不具备这种精神，他们一次又一次地克服困难和挫折，凭借自己的努力最终赢得了胜利。

曾国藩于1852年奉命回湘办团练，团练初具规模后的最初几年，他唯一的收获就是只打败仗。

从1854年练成水陆师出征，到1860年兵败羊栈岭，曾国藩可谓一败再败，小的败仗不计其数，惨败就有四场：1854年湘军初征就在岳州被太平军打得落花流水；1855年在江西鄱阳湖全军覆灭，连自己的座船也被抢走；1858年，部将李续宾率部血战三河镇，6000兵勇无一生还，三湘大地处处缟素；1860年，李秀成破羊栈岭，曾国藩在30公里外的大营中写好遗书，帐悬佩刀，以求一死。好在李秀成最后主动退兵。

就像凤凰从烈火中涅槃，这个被满族大臣讥笑为“屡战屡败”的常败将军曾国藩，最终用他“屡败屡战”的勇气与决绝，打到南京，用行动证明了自己是一个强者。

有人问一个小孩，你是怎样学会溜冰的，那个小孩回答道：“哦，跌倒了再爬起来，爬起来再跌倒，就学会了。”看到没有，这就是屡战屡败，屡败屡战的抗争精神，也是曾国藩改变人生，取得成功的关键所在。

俗话说，好事多磨，一个人若想成为强者，造就辉煌的人生，不经过九曲十八弯，自身又缺乏“屡败屡战”的勇气，最后是不可能美梦成真的。命运永远只青睐勇者，所以，能接受逆境的考验，不怕风雨洗礼的人，才能到达成功的彼岸。

从前有一个孩子，他出生在一个贫穷的鞋匠家庭，父亲是鞋匠，母亲是用人，他的童年生活很贫苦。父亲去世之后，母亲为了生活不得不带着他另嫁。继父并不关心他，他的童年生活很不快乐。直到有一天，王子出游来到他的家乡，为了见王子一面，他满怀希望练习教堂的诗歌，朗诵剧本。

终于，他有了一次在王子面前唱诗歌的机会。在他表演完毕后，王子问他想要什么赏赐。这个穷孩子大胆地向王子提出要求：“我想写诗剧，而且在皇家剧院演出。”王子把这个长着小丑般大鼻子的笨拙男孩从头到脚看了一遍又一遍，然后对他说：“虽然你能够背诵剧本，但并不表示你能够写剧本，这是两码事，我劝你还是去学一门有用的手艺好谋生吧。”

但是，穷孩子不相信。他回家以后，打破了自己的储钱罐，向母亲和从不关心自己的继父道别，离家去追寻自己的理想。这时候，他只有 14 岁，但他相信，只要自己愿意努力，愿意为了理想跨出第一步，他一定能成功。

他历经艰辛到了哥本哈根，挨家挨户地按门铃，希望得到贵人的赏识，他几乎按遍了所有达官贵人的门铃，却没有人愿意相信他、赏识他，他衣衫褴褛地流浪街头，却仍不减心中的热情。

终于在 1829 年，他的长篇幻想游记《阿马格岛漫游记》出版，他因此从饥寒交迫的窘境中解脱。随后，他写的喜剧《在尼古拉耶夫塔上的爱情》在皇家歌剧院上演，他终于实现了当初对王子说出的理想。这个穷孩子就是安徒生。

随后，安徒生开始专注于童话创作，陆陆续续发表了《打火匣》《小克劳斯和大克劳斯》《豌豆上的公主》《卖火柴的小女孩》等一系列吸引了无数儿童目光的童话故事，开启了属于他的新的一页。这时，距离安徒生离开家乡已经 16 年了。

现在他的作品《安徒生童话》已经被译为 150 多种语言，成千上万册童话书在全球陆续发行和出版。

如果安徒生在跌倒后不再站起来，世界上就没有他这个闻名中外的童话大师了，可见，在逆境面前不屈服的人，才能将自己磨成一颗钻石。

英国著名诗人弥尔顿写过一首诗："即使土地丧失了，那有什么关系。即使所有的东西都丧失了，但不可被征服的志愿和勇气，是永远不会屈服的。"

是啊，只要我们不屈服，不管跌倒多少次，都勇敢地站起来，那这个世界自然会为我们开出一条道路，到时候，我们一定能取得成功，成就一个辉煌的自己。

生命中所有的困难背后都有礼物

在这个世界上，没有人喜欢吃苦，可人人几乎都吃过苦。有的人吃苦吃得心不甘情不愿，结果苦吃了，自己仍旧一无所获，而有的人则深知，苦是上帝化了装的祝福，苦不是灾难，而是财富，只要自己用心去品味，就能从中汲取营养。

20世纪20年代，贝里·马卡斯跟随父母从俄罗斯来到美国，全家在纽威克一个穷人聚居区安顿下来。他的降临让他久患风湿病而无法下床行走的母亲可以重新走路。母亲常常告诉他，对生活要有信心，生活总会苦尽甘来。母亲的再次下床行走恰恰验证了这条口头禅。这种乐观的生活态度潜移默化地影响着他的生活。

贝里·马卡斯回忆道，虽然母亲的风湿病没有完全康复，但她从不抱怨生命，她甚至会不时取下手上缠着的石膏绷带，在寒冷的冬天为孩子们洗衣服，在炎热的夏天为孩子们做饭。尽管生活艰辛，母亲始终相信苦尽甘来这一道理。

马卡斯从小的理想是上医学院，毕业后成为一名大夫。由于家庭的经济拮据，他就近选择了路特格大学的纽威克校区，这样便可以住在家里而省下住校的费用。马卡斯开始学习医学预科课程，并取得了优秀的成绩。

一天，系主任通知马卡斯，已经为他争取到了上医学院的奖学金，然而他自己还必须另交1万美元的学习费用。对于当时马卡斯的家庭状况而言，这是一笔巨大的支出，是负担不起的。于是，马卡斯只好选择退学，到佛罗里达州去找工作。路上，马卡斯给母亲通了电话，告诉了她这个不幸的消息。母亲的回答给了他勇气：“孩子，不要失去希望，不要害怕吃苦，早晚有一天你会苦尽甘来的！”

后来，马卡斯在餐馆当了一年服务生，有了一定的积蓄后，他选择了新泽西州的药学院继续他的梦想。毕业后，他开始营销药品，这让他接触到了商品零售业，并开始喜欢上了它，直到他跳槽到西部一个名为“便民”的商品零售公司时，他对于自己的人生有了真正的想法。

在“便民”公司，他常看到不少自己动手装饰和修补住房的人来买各种家装必需品，但他们不可能在一处一次就买齐。一天，他突然有了一个主意：如果能有一家大商场，把所有的家装材料店，如厨卫设备店、涂料店、木材店全都包括进来，顾客岂不更方便？要是所有经销商都懂得怎样修马桶或怎样安装吊扇，岂不更好？这便是马卡斯的梦想的起源。

一天，老板召见他，马卡斯便向老板谈了自己的建议，希望通过他的提议可以把“便民”公司变成一家赢利的大型连锁超市。然而，老板认为这是马卡斯在他面前炫耀才能，不但没有接纳他的意见，反而将马卡斯解雇了。

母亲的话再次浮现在他的脑海中，他没有被打倒，苦涩给了他更多的力量和勇气，他决定放手自己干。马卡斯决心自己当老板，着手实现创建一个大型家装材料总汇超市的构想。他的这个超市将面向人口众多的工薪阶层，他们是自己动手搞家装的主力，他这样做，正好为他们提供了及时的、恰到好处的帮助。于是，一个名为“家庭”的大型家装材料公司应运而生。

在马卡斯的悉心管理下，这个家装材料公司的生意非常红火，业务已经遍及全美，甚至开始扩展至全球。当谈及他的成功时，他总是谦虚地说，这没什么，只不过是我一路坚持走来，最终苦尽甘来。

只有不怕吃苦的人，才能从人生的各种逆境中走出来，才能像马卡斯一样苦尽甘来，最后成就一番伟大的事业，收获一个辉煌的人生。

弘一法师李叔同说过这么一段话：“你见过磨镜老人吗？他坐在门口，手里拿着一面铜镜在石头上磨。铜镜昏暗，铜锈如血。他日复一日地磨，手都磨出泡了，铜镜依然昏暗。但他不管，相信功夫不负有心人，一直磨下去。直到有一天，铜锈尽开，他住了手，取净水一冲，明晃晃的清光就亮出来，镜子磨好了。我们修行也是这样，不管心底多昏暗，磨下去，磨下去，自然有亮光。”

磨镜辛苦吗？辛苦。可上天总是不负苦心人，吃得苦中苦，方为人上人，这是千年不变的真理，所以，一个人若想成就大事，就必须做好吃苦的准备。只要不怕吃苦，坦然面对生命中的困难和挫折，那我们所吃的苦都会变成将来的礼物。

韩庚是中国第一位在韩国发展的艺人。2001 年，韩国最大的娱乐公司——SM 公司来到中国进行选秀，韩庚只是抱着试试看的态度参加了这场选秀，连他自己都没有想到，他竟能在 3000 人中脱颖而出，以 3000∶1 的概率获得了唯一去韩国发展的名额。

在去韩国和留在国内的选择中，他最终选择了独自远行，虽然当时的他不会说半句韩语，包里只有几百块钱，但他认定在异国他乡的陌生环境里更能磨炼自己，对自己今后的发展更有利，于是就这样他去了韩国。

他在为自己的理想而奋斗，这种信念战胜了因语言不通而带来的不便，战胜了困窘的生活和超负荷的训练。别人三年才能完成的舞蹈课程，他只用了一年，每天在训练室和宿舍这两点一线间行走，甚至都不知道外面的世界发生过什么变化。他也曾想过要放弃，但每一次这样的念头都被他甩甩头坚定地否决掉了，他知道，人生不会永远处于逆境，这样的努力拼搏总有一天会开花结果……

就这样，他独自在韩国过了 5 个春节，终于在 2006 年他和另外 12 个男生组成了一个团体正式出道。短短的几个月，这个团体就风靡了整个亚洲，更多的人认识了他，了解了他艰苦的奋斗历程，他成了很多年轻人的偶像，甚至很多中年人也以他为榜样。

生活中，很多人都想做温室里的花朵，却没有想过，离开了温室，花朵根本经受不住大自然的风霜雪雨。韩庚不羡慕温室中的花朵，他宁愿让自己吃苦，在逆境中打磨自己，让自己的意志和耐力都得到增强，同时也让自己走得更远更稳。

法国作家罗曼·罗兰说过：“痛苦像一把犁，它一面犁破了你的心，一面掘开了生命的新起源。”是的，苦的滋味并不太好，可吃过苦后，我们所能得到的礼物却比一般人要多很多。命运就是这么神奇，它总用苦涩的外衣包裹最珍贵的宝藏，只要我们多一点勇敢，不惧吃苦，那这份宝藏就属于我们。

打不倒你，你就会更强大

美国著名女演员安妮斯顿曾说：“我孤独吗？是的。我心烦吗？是的。我感到慌乱吗？是的。我必须靠聚会来消磨时光吗？哦，当然是的。但我是块硬饼干，我会重新再来。”所谓硬饼干，就是指坚强的人，坚强的人往往能安然度过人生中的各种逆境，他们就像逆风中的劲竹，不会轻易被折断，只会越来越坚韧。

有一位普通得不能再普通的流动小贩，为了生存，她曾在小学门口卖过橡皮泥，卖过沙画，日子虽不富裕，但也能衣食无忧。如果说没有一次偶然的车祸，也许她会一辈子都以做这类小生意为生。

那天她像往日一样骑着三轮车去校门口卖沙画，途中，一辆急速驶来的小轿车撞翻了她的三轮车，她那用来做沙画的原材料散了一地，她自己也被撞得晕倒在地。被送到医院后，她得救了，她借钱付了医药费出院后，却再也没有本钱去做沙画买卖了。

绝境中，她突发奇想，去郊外挖了不少不用花钱的泥土回家，然后在泥土中加上颜料等材料，经过反反复复的制作，终于制成了彩泥，她将这些彩泥推荐给学校，让孩子们在手工课上作画，结果大受孩子、家长和老师们的欢迎，她的彩泥得到了迅速认可和推广，她成功了，现在她的彩泥已跨出国门，出口到了国外。

她不是画家，却创造了作画的材料，她没有受过高等教育，却用她的彩泥激发了孩子们的创造力和对作画的热爱。这一切，都归功于那次车祸，归功于绝境。如果没有那次车祸，她可能会一直在学校门口卖沙泥，直到沙泥没人买了，她再去卖其他的产品。她永远不会去想怎样利用不花钱的泥土制作低成本的彩泥。

可以看到，生活的磨难没有让她成为怨妇，更没有摧毁她对生活的热爱，相反，她越挫越勇，更加积极向上，在看似绝望的处境中杀出了一条血路，到最后，她本人变得越来越坚韧、强大，她的人生也因此掀开了新的篇章。

德国哲学家弗里德里希·威廉·尼采说过："那些没有消灭你的东西，会使你变得更强壮。"是的，凡是杀不死你的，都会让你变得更加强大，只要稳稳地接住命运对你的残酷考验，你最终会像钻石一样发出夺目的光彩。

1992 年，如同大多数看了电影《少林寺》的孩子一样，农家娃王宝强跟父亲吵着要去少林寺学武。穷人家的孩子如草一样，在哪里都倔强生长。所以王宝强的父母也没有怎么犹豫，就将 8 岁的儿子从河北南和县送到了河南的少林寺。

少林寺的学武生涯，难免是"床硬、饭冷、活重"，不少原先怀着一腔热血的孩子挨不了多久，就想方设法回家了。王宝强不怕吃苦，他在少林寺潜心学武。一转眼，六年过去了，当年瘦弱的儿童已经成了精壮的小男子汉。

1998 年，14 岁的王宝强离开了少林寺，回到家乡。王宝强家里很穷，而在家乡那片贫瘠的土地上，王宝强找不到改变家庭与自己命运的舞台。于是，在 1999 年 3 月，15 岁的王宝强来到了北京，决心像他的同门前辈李连杰一样，靠当武打演员改变自己的命运。

然而，想要有所成就就要历经磨难。有道是"长安米贵，居大不易"，想当年一身才学的白居易闯荡京城长安（西安），也难免有不如意之时。对于 15 岁的王宝强来说，北京的"米"也同样地贵，生存的压力让他焦头烂额。北影厂门口常年聚集着一大群等候群众演员角色的人，王宝强也混迹其中。

当群众演员，一天也只有 20 元钱的报酬，并且这样的机会也不多，更多的时候还是没电影可拍。为了生计，王宝强找工地打零工，搬砖和泥筛沙，什么都干。王宝强在北京待了3年，始终挣扎在温饱的边缘。但他始终没有放弃自己的演员梦。因为他太渴望成功了。

2002年，因为原定的主角夏雨档期不合，电影《盲井》的主角砸到了王宝强头上。《盲井》让王宝强拿了那一年的台湾电影大奖——金马奖最佳新人奖。没多久，他就得到了与一些大牌明星同台演出的机会。他被冯小刚挑选出演当时自己的新片《天下无贼》，还在电视剧《暗算》里演瞎子阿炳。2007年，《士兵突击》更是将王宝强的声誉推到了极致。后来，王宝强签约著名的“华谊兄弟”旗下，成为了一线演员。

王宝强成功了，而面对别人的赞美和夸奖，他这样说：“路还太远，我才二十多岁。人生就像登山，我希望自己永远不要登到峰顶。每天一点点往上爬，以后的路还很艰难，根基打好，一点点往上走。”

王宝强的故事告诉我们，所有的成功都需要付出代价，就像歌里唱的：不经历风雨怎么见彩虹，没有人能随随便便成功。

所以，不要惧怕生命中的磨难，所有我们遭遇的艰辛和痛苦，都是来成就我们的，我们能经受多大的考验，最后就能享有多大的辉煌。

美国作家爱默生说过：“我们的力量来自我们的软弱，直到我们被戳、被刺，甚至被伤害到疼痛的程度时，才会唤醒那被包藏着的神秘力量。只有这些力量被摇醒、被折磨，才能激励我们学习一些东西。此时我们会运用自己的智慧，发挥自己的刚毅精神，学会了解事实真相，从自己的无知中学习经验，磨炼自己的意志，最后，学会调整自己并且掌握真正的技巧。”

没错，生活有时候会让我们遍体鳞伤，但到后来，那些受伤的地方一定会变成我们最强壮的地方，我们会在创伤中逐渐成长，并趋于成熟，我们会以迅猛有力的姿态攀上成功的高峰，最终迎来属于自己的辉煌人生。

用实力打破所有质疑

众所周知，人性里都有慕强的一面，当你自身实力不够时，别人往往不会把你放在眼里，甚至有人还会轻视你，嘲笑你。面对这种情况，你如果被击倒在地，那这一生都不可能改变自己的命运，唯有在逆境中发愤图强，默默提高自己的实力，你才能让别人刮目相看，让别人后悔以前小瞧了你。

高尔基的一生十分坎坷，好比深海行舟，随时都有被突如其来的大浪吞噬的可能。但他仍然凭借着惊人的毅力和巨大的勇气驾驭着小船抵达了彼岸，登上了高峰。

高尔基的困难来源于三处：家庭、学校、社会。他不到 5 岁时，父亲病亡。继父挥金如土，是个有名的赌徒，时间不长便把全部家产赌光。一家人过着穷困潦倒的生活。高尔基的外祖父和两个舅舅凶残暴虐，根本不把高尔基当人看。

在最下等的库那支小学里，由于高尔基穿的是妈妈的旧鞋和用外祖母的上衣改制的外套，招致同学们的嘲笑和侮辱，甚至遭到个别老师的斥责和讥讽。严酷的生活锻炼了他，他不再沉默，不再逆来顺受，对不公平的事他敢于反抗。不堪忍受侮辱的小高尔基倔强地夹起行李卷儿，告别了母亲。

他无处存身，最后又来到破了产的外祖母家。为了帮助外祖母，高尔基每天上学前便跑到各处去拾废品，卖了钱都交给外祖母。尽管拾破烂遭到一些师生的冷嘲热讽，但是高尔基发愤读书，因此学习成绩优异，他还受到学校的奖励。

但天意弄人，三年级时，母亲去世了，高尔基最终因贫困而辍学。从此后，他便到“人间”自谋生路。他曾做过厨师的助手，在神像制造厂当过学徒，做过监工等，但不论换什么工作，他都坚持一边打工一边读书。

1884 年，16 岁的高尔基竭力想进大学，要知道，当时社会是由沙皇统治的，沙皇统治下的大学，是为少数特权阶层服务的，这时，高尔基只能在劳动中读“大学”。他生活在装卸工人和流浪汉中间，每天都会增添许多难忘的印象。他并没有受到那些放荡不羁的流浪汉的影响，恰恰相反，他离开了似乎要走的道路，披荆斩棘地踏上了另一条更为艰苦的人生之途，思想进入紧张的探索时期，最终成为伟大的革命作家。

就这样，高尔基成了一位巨人，成了一位在困境中崛起的巨人。

高尔基的故事无疑很有启发性：在人生的道路上，我们都或多或少遭遇过别人的轻视和嘲笑，越是这个时候，我们越是要淡定，不断提高自己的实力，绝不能把宝贵的时间浪费在跟别人打口水仗上。

要知道，就算别人嘴上认输，心里还是不服的，因此，我们要想赢得对方真正的尊重，就必须将他们的轻视和嘲笑视作命运对自己的考验，将其化作自身前进的动力，最后用实力说话。

吴士宏曾经一度被称为“打工皇后”。不过最初吴士宏只是一个护士。1985 年，她决定要到当时世界最大的信息产业公司——IBM 去应聘。IBM 的招聘地点在北京长城饭店。

她回忆说，在长城饭店门口，自己足足徘徊了五分钟，呆呆地看着各种肤色的人从容地迈上台阶，简简单单地进入另一个世界。她的内心深处无法丈量自己与这道门之间的距离。经过一番思考，她鼓足了勇气，迈着稳健的步伐，穿过威严的旋转门，按着内心的召唤，走进了 IBM 公司的北京办事处：她的确是个人才，顺利地通过了两轮笔试和一轮口试，最后到了主考官面前，眼看就要大功告成了。

俗话说："阎王好见，小鬼难缠。"现在已经见到了阎王，她什么也不怕了。主考官没有提什么难的问题，只是随口问："你会不会打字？"

她本来不会打字，但是本能告诉她，到了这个地步，不能有不会的。

于是，她点点头，只说了一个字："会！"

"一分钟可以打多少个字？"

"您的要求是多少？"

"每分钟 120 字。"

她不经意地环视一下四周，考场里没有发现一台打字机，她马上就回答："没问题！"主考官说："好，下次录取时再加试打字！"

实际上，吴士宏从来没有摸过打字机。面试结束，她就飞快地跑到一个朋友处借 170 元钱买了一台打字机，然后没日没夜地练习了一个星期，居然达到了专业打字员的水平。

她被录取了，成了这家世界著名企业的一名普通员工，她扮演的不是白领，而是一位卑微的角色，主要工作是泡茶倒水，打扫卫生，用她自己的话说，"完全是脑袋以下的肢体劳动"。她为此感到很自卑，她把可以触摸传真机作为一种奢望，她所感到的安慰就是自己能够在一个可以解决温饱问题而又安全的地方做事。可是作为一位服务人员，这种心理平衡很快就被打破了。

一天，吴士宏推着平板车买办公用品回来，门卫把她拦在大门口，故意要检查外企工作证。她没有外企工作证，于是在大门口僵持了一会儿，进进出出的人就像看大街上耍猴那样，个个都投来一种异样的目光。作为一位女性，她的内心充满了屈辱，可是她知道得到这份工作不容易，她没有发泄出来，可是内心却咬着牙在说："我不能这样下去！"

还有一件事情冲撞着她的内心。

有个女职员，香港的，资格很老，动不动就喜欢指使人给她办事，吴士宏就是她的主要指使对象。一天，这位女士叫着吴士宏的英语名字说："Juliet，如果你想喝咖啡就请告诉我！"吴士宏丈二和尚摸不着头，不知这位自以为是的女士在说什么。

这位女士说："如果你喝我的咖啡，请你每次都把杯子的盖子盖好！"吴士宏本来是一个很会忍气吞声的人，这次女性的温柔全都不见了，因为那女人把自己当成偷喝咖啡的小毛贼了，这是一种人格上的侮辱。

她顿时浑身战栗，就像一头愤怒的狮子，把埋在内心的满腔怒火全部发泄了出来。吴士宏发誓：有朝一日，我要去管公司里的任何一个人，不管他是外国人还是中国人！甘愿自卑，就只能沉沦下去，不肯自卑，就会产生无穷的推动力。吴士宏每天除了工作就是学习，在寻找着自己的最佳出路。

最终，与她一起进 IBM 的人中，她第一个做了业务代表，第一批成为本土的经理，第一批成为赴美国本部进行战略研究的人，第一个成为 IBM 华南地区总经理。最后，吴士宏还登上了 IBM（中国）公司总经理的宝座。

命运的考验无处不在，有的考验是实打实的困难，有的考验则来自我们身边的人，他们吐出的难听的话语，总是能刺痛一无所有、人微言轻的我们。

很显然，吴士宏也被刺痛了，但她并没有因此沉沦，而是在暗中蓄积力量，然后一飞冲天，用强大的实力来瓦解一切轻视和嘲笑。

毫无疑问，她是我们每个人心中的榜样，所有人都应该向她学习，学习她的自强不息，学习她的勇敢坚韧，学习她在逆境中的永不屈服。总有一天，我们也会像她那样，将自己磨成一颗钻石，凭借实力让所有的冷嘲平息。

拥抱你的对手

许多人应该都听过草原狼的例子。

某牧场上狼群出没，经常吞噬牧民的羊。牧民于是求助政府和军队将狼群赶尽杀绝。狼没有了，羊的数量大增，牧民们非常高兴，认为预期的设想实现了。

可是，若干年以后，却发现羊的繁殖能力大大下降，羊的数量锐减且体弱多病，羊毛的质量也大不如前。

牧民这才明白，失去了天敌，羊的生存和繁殖基因也退化了。

于是，牧民又请求政府再引进野狼，狼回到草原，羊的数量又开始减少，羊毛的质量也提高了。

俗话说，猪圈岂生千里马，花盆难养万年松。在自然界，没有天敌的动物往往都是最先灭绝的，因为失去了威胁，失去了压力，生存的动力也会大大地降低，而有天敌的动物，自始至终都不会放松警惕，所以它们能逐步壮大，繁衍族群。

其实，大自然的这一现象同样适用于人类社会，对手的存在会让一个人发挥出巨大的潜能，从而创造出惊人的成绩。

然而，在现实生活中，很多人却讨厌竞争对手，恨不得一脚把竞争对手踢开，自己好一家独大，还有的人会因为竞争对手的存在而郁郁寡欢，埋怨老天给自己凭空制造很多障碍，颇有一种“既生瑜何生亮”的不得志感。

毫无疑问，持有这种想法的人都是非常短视的，其人生也不可能有多大的作为。

真正拥有长远眼光的人，会看到竞争对手的好，会看到对方给自己带来的激励作用。是的，正是因为竞争对手的存在，我们才不断进步，日渐强大。

乔治·巴顿中校是美国陆军史上最优秀的坦克防护装甲专家之一。1988 年，巴顿接到国防部的紧急召唤，接受了研制 M1A2 型坦克防护装甲的任务。

这是一种新型的高端武器，为了使研制出来的装甲性能更高、质量更好，巴顿请来了一位特殊的帮手——毕业于麻省理工学院的工程师迈克·马茨。

但巴顿请马茨来，并不是要他和自己一起做研究的，而是要他来搞破坏。因为马茨是著名的破坏力专家，在军事领域，他们俩简直就是“死对头”。

两人各带着一个研究小组，巴顿带的是研制小组，主要负责装甲的研制和防护，而马茨带的则是破坏小组，专门负责摧毁巴顿研制出来的装甲。

起初，巴顿研制出的装甲，总能被马茨轻而易举地炸坏。每当坦克被炸坏后，巴顿就会找马茨交流，分析失败的原因，找寻问题的根源，以便在下一次研制中寻找破解的方法。巴顿一次次“绞尽脑汁”地去设计，马茨一次次“想方设法”地去破坏，然后两人再商讨改进的方法。

终于有一天，当马茨使尽浑身解数甚至直接在防护装甲上引爆也未能奏效时，巴顿当即兴奋地宣布：M1A2 型坦克防护装甲正式研制成功，它可以承受时速超过 4500 公里、单位破坏力超过 135 万公斤的打击力度。

直到现在，这种坦克防护装甲仍然是世界上最坚固的。巴顿与马茨这对“对手”，也因为这项发明而共同赢得了象征着美国军事科研领域最高荣誉的“紫心勋章”。

事后，有记者问巴顿取得成功的秘诀时，巴顿笑着说：“我取得成功的一个重要原因，就是因为我有一个强大的对手。以强手为对手，是让自己取得成功的最有效的捷径，如果成功有捷径的话。”

事实证明，巴顿的选择是正确的，因为他的聪明和睿智，把最强大的对手变成了最好的助手，从而获得了巨大的成功。

奥运冠军刘翔说过：“没有对手就没有动力，我永远感谢对手。”这句话说得没错，虽然从表面上看，竞争对手的存在于我们是一种逆境，但实际上，这种逆境是一种动力，能鞭策我们变得更好、更优秀，从而取得更大的成功。

因为人性是贪图安逸的，竞争对手将我们从安逸的环境中拉出来，让我们真切地感受到一种危机和紧迫，从而使得我们不至于沉沦。

所以，我们非但不能怨恨、诅咒竞争对手，反而要像巴顿一样感谢竞争对手，毕竟没有他，也就没有现在的我们，没有他，我们也不可能成就现在的辉煌人生。

今天，在社会的各个领域，都充满了竞争，这也是世人皆知的道理。很明显，那些成功人士都是通过竞争逐渐脱颖而出，成为各个领域的佼佼者的。他们具有常人所不具备的坚韧毅力，勇于拼搏，不断进取。

如果你已是一个成功者，那么只要你仔细回想一下，你就会发现真正促使你进步、成功的，不单是自己的能力，不单是朋友和亲人的鼓励，更多的时候，是你的对手激发了你的潜能，促使你不断进步。

我的朋友，请不要憎恨你的“敌人”。相反，你应该庆幸自己曾经遭受过“敌人”的磨难，因为这正是你脱颖而出的动力；感谢你强劲的“敌人”吧，因为正是他们使你变得杰出和伟大。

第五章
关心自己，美好生活随手拈来

如果你经常因为一点小事就责怪自己，或者怨天尤人，那就说明，你是一个喜欢惩罚自己的人。但你要知道，生活中总会有一些残酷存在，你何必为难自己呢？当你稍微“自私”一点，关心自己，对自己好一点的时候，你会发现，美好的生活随手就能拈来。

主动安慰自己

动物在受伤的时候，会主动找一个安静又安全的角落躺下，然后伸出舌头，一遍又一遍地舔舐自己的伤口。在这种出于本能的抚慰下，不用多久，它们的伤口竟然奇迹般地痊愈了。整个过程几乎没有向外界寻求任何援助，每次看到这个画面，总忍不住沉思，看来，安慰自己从来都不是别人的义务。

孩提时代，每当我们在外面跌跌撞撞，磕磕碰碰出一身伤时，疼痛会使我们快速跑到父母跟前，咋咋呼呼地寻求他们的安慰。“哦，可怜的宝贝，一定很疼吧，来来来，妈妈帮你摸一摸。”父母的温柔安慰就像冬日里的暖阳，原本很痛的伤一下子就好了，我们瞬间满血复活，愉快而又安心地继续玩耍。

小孩子总要长大，失去了父母和老师的庇佑，我们只能单枪匹马地上路，途中难免会遇到让我们受伤的人和事，此时，能在第一时间安慰我们的就只有自己了。作为一个成年人，我们不能再像小孩那样以为号啕两声，就会有人匆匆忙忙给我们端来止疼汤了，大部分时候，能给我们舔舐伤口的除了我们自己，再无他人。

生活中，很多得抑郁症的人，都是一些不太懂得安慰自己、宠爱自己的人，他们普遍有一个特点，那就是极为舍得对他人付出，对自己则有着近乎一毛不拔的吝啬和严苛。在他们的认知里，品德高尚的人永远都在关爱别人和安慰别人，如果一个人只知道宠爱自己和安慰自己，那绝对是自私自利的表现。

紫萱是一个不会对自己好的人。她给家里人多少钱都舍得，自己打个车却都要犹豫再三，平时老公给她买了新衣服，她也总是放着不穿，如果有朋友喜欢，她就会慷慨地送给对方。有时去朋友家做客，朋友问她吃了吗，她就说吃了，结果一直饿着肚子看朋友一家吃饭。

其实，这种性格的人总是活得最累，她具备了很多优点，比如善良、勤劳、舍得付出等，可她就是不懂得如何宠爱自己。她总是被动地等着别人来对她好，遇到困难和挫折，她很容易陷入情绪的低谷，可再怎么痛苦，她都不愿意好好安慰一下自己，她觉得自己安慰自己是一件令人羞耻的事，唯有别人主动来安慰她，才能让她从痛苦中走出来。

有一次，她因为工作上出了一点差错被领导狠狠地批评了几句，这让自尊心特别强的她感到非常难过，回到自己的办公桌后，她开始小声地抽泣起来。当时和她要好的几个同事都在忙自己的工作，根本没有时间来安慰她，她明明需要安慰，却始终不愿意腆着脸皮打扰别人。

这一整天，她的情绪都非常不好，下班后回到家，她的眼睛都肿得跟核桃一样。她在微博上幽幽地抱怨：我平时对她们那么好，为什么在我伤心难过的时候，她们一点安慰也不愿意给我？是不是我们之间的友情不够坚定？有朋友看到她发的微博后，连忙在底下留言：我当时忙得焦头烂额，所以才没有注意到你不开心。亲爱的，你要学会宠爱自己，就像你平时关爱别人那样对自己好一点。

紫萱听不进去朋友的劝告，她的心里已经对朋友生出隔阂了，她觉得她们并不是自己的知己。每次一想到这些，紫萱又开始涌出泪意，她觉得这个世界上没有一个人真正爱她，平时自己所付出的那一腔真情实意，不过虚掷罢了。

后来，朋友们也不敢和紫萱亲近了，她们甚至害怕紫萱对她们的付出和关爱，因为这种付出的背后是一个巨大的黑洞，如果她们没有及时为紫萱送上关爱和安慰，这个黑洞就会毫不留情地吞噬掉她们。

谁不害怕呢？谁又愿意承接住一个人的全部重量呢？哪怕这个人对自己再好。紫萱不愿意对自己好，遇到困难也不愿意安慰自己，因为一争取，就等于丢人了，失掉自己的价值了，容易被人瞧不起了。这是多么愚昧的想法啊！她以为唯有付出和奉献才能找到自己的位置，而宠爱自己、安慰自己，都是别人的义务。

试问，一个不肯对自己好的人，又怎么会得到他人的关爱呢？要知道，别人如何看我们，往往是从我们如何对待自己开始的。另外，没错，她确实对别人很好，可这种付出是有条件的，她在关爱别人的同时，也向对方发出了一个信号：我对你好，那你也要对我好，我不开心的时候，你还要负责安慰我。如果你对我不好，你不安慰我，那这就是你的错，你对不起我！

没有人愿意负起这个责任，也没有人愿意承受这份愧疚，所以她们最后都选择远离紫萱。如果紫萱还有些许智慧的话，就应该彻底觉悟，从此加倍地对自己好，遇到不开心的事儿，不要老是指望别人来安慰自己，要告诉自己，受伤的我值得被自己安慰，我完全能担此重任。

有些人不懂得如何安慰自己，此时，我们可以抽离出另一个自己，把这个自己想象成亲爱的父母，然后借由这个父母大声、温柔、充满关爱地对受伤的自己说话，让他知道他并不孤单，他的伤痛有人和他一起分担。

宠爱自己并不难，学会安慰自己是第一步，这也是被别人安慰和关爱的前提。当我们为自己疗伤成功后，我们整个人会变得更加强大，更加快乐，以后既能更好地去关爱别人，也能更好地被别人关爱。

你其实不必过得那么累

有些外在富足的人可能是最痛苦、最不幸的人。在澳大利亚和加拿大，有近两百万的富人正陷在沮丧情绪中，被迫接受医院的治疗，而有一些人虽然贫穷，却活得潇洒快乐。很多时候，快乐其实是内心的富足，与金钱无关。

现在社会上很多人都说自己活得太累，是因为工作累吗？不见得，生活中有的人“一杯茶，一支烟，一张报纸看半天”也喊累。是个人家庭负担过重吗？也未必。感叹“活得太累”者中，不少人是人生旅途一帆风顺、丰衣足食者，断无生计之忧与养家糊口之虑。

那么，这些人“累”从何来？原因应该说是多方面的，除了生活节奏的加快、人际关系的复杂、不良风气的影响等客观因素外，从主观上检查，主要是欲望之累。人皆有欲，但欲不可纵。有道是“欲壑难填”。大凡说“活得累”者，都与欲望过奢有关。有些人比下有余，却总想着比上不足，于是便生出许多不满足：官不够大，钱不够多……而这些不满足不是转化为积极上进、参与竞争的动力，而是怨天尤人。在这种精神状态的支配下，当然不会“心想事成”“万事如意”，于是只有叹息“活得累”了。

在东方的一个国度里，有一对贫穷而善良的兄弟，他们靠每天上山砍柴过着艰辛的日子。一天，兄弟二人在山上砍柴时，正好遇见一只老虎在追咬一个老人。兄弟俩奋不顾身地与老虎搏斗，终于从老虎口中救下那位须发皆白的老人。而这位老人是一位神仙，他念及兄弟俩的善良和勇敢，于是许愿帮助他二人得到快乐，并让他们每人点一样物品，作为送给他们的礼物。

哥哥因为穷怕了，想要有永远用不完的金银财宝，于是，神仙送给他一个点石成金的手指：任何东西，只要他用这手指轻轻一触，就会立即变成金子。哥哥如愿以偿地成了富人，买了房子置了地，娶妻生子，过着十分富有的生活。

遗憾的是，金手指也成了他的一种负担。因为，只要他稍不小心，他眼前的人和物就会在瞬间变成冷冰冰的、没有生命的金子。他甚至把他最宠爱的小女儿也变成了金子。朋友们都对他敬而远之，家人们也小心翼翼地防着他。守着取之不尽、用之不竭的钱财，哥哥说不出自己是快乐还是不快乐。

而弟弟是一个单纯的人，他希望自己一辈子快快乐乐。于是，老神仙给了他一个哨子，并告诉他：无论什么时候，无论遇到什么事情，只要轻轻地吹一吹哨子，他就会变得快乐起来。

弟弟还是像以前一样，过着艰苦的生活，仍然需要与各种艰难困苦进行抗争，仍然需要靠辛勤的劳动获取温饱。但是，每当他遇到不如意的事情的时候，他就取出那只哨子。那动听的声音，就像一缕缕和煦的阳光，像一阵阵温暖的春风，驱走他的忧伤和愁苦，给他带来快乐。

快乐是我们每一个人都在追寻的。这种追寻贯穿我们的一生。然而，快乐的源泉在哪里？却不是每一个人都能找得到的。

大多时候，我们对生活总觉得不满足，我们的心一直都在流浪旅行，我们从来没有走在回家的路上——我们永远不满足。

当没有房子时，我们就在想：如果有一间自己的房子就好了，哪怕是一间小小的平房。当住进楼房后，我们又想：怎么人家有别墅呢？空间又大，又有草地，这个小楼房算什么？……

知足常乐是一项几乎不可能的美德。为什么？因为世界上没有任何东西，能满足我们内心最深处的渴求。

要想活得轻松一些，就是凡事豁达一点，洒脱一点，不必把一点点小惠小利看得过重；而要达到这种超脱境界，关键是寻求心灵的满足。如果一心想着个人享乐，贪恋钱欲、官欲，便无异于作茧自缚，不仅自己活得精疲力竭，还会危害他人。快乐若来自物欲的满足，是短暂而不幸的，物欲没有止境，人生就会永无宁日。为了无休止的私欲，注定得与四周环境为敌。而只有来自心灵的快乐，才是永久而幸福的，才有宁静、恬淡、平和之感。

人们之所以活得累，就是因为眼睛总盯着名利不放，这样活着会很辛苦。很多时候执着也是一种负担，何不学着放下呢？

放下了贪念，你就可以拥有真正的快乐。拥有了快乐，就拥有了一切，你的人生也就与众不同。

轻装上阵，人生不需要包袱

一个年轻人背着一个大包裹千里迢迢跑来拜访大师，他双眉紧蹙地问道："大师，我好孤独，好痛苦，长期跋涉让我疲惫到了极点。您看，我的鞋子都破了，双脚满是被荆棘割破的伤痕。我的手也受伤了，血一直流个不停。我的嗓子更是因为长久呼喊而暗哑，我不明白，为什么我还是不能找到心中的阳光呢？"

大师充满同情地看着他，问道："年轻人，你的大包裹里装的是什么？"

年轻人回答说："包裹里装着我每一次跌倒时的痛苦，每一次受伤后的哭泣，每一次孤寂时的烦恼。它对我很重要，靠着它，我才能走到您这儿来。"

大师听了，什么话也没说，他径直把年轻人带到河边，两个人一起坐船过了河。上岸后，大师对年轻人说："你扛着船赶路吧！"

"什么，扛着船赶路？"年轻人一脸诧异，"船那么沉，我扛得动吗？"

"是的，年轻人，你扛不动它。"大师微微一笑，说，"过河时，船是有用的，但过了河，我们就要放下船赶路，否则，它就会变成我们的包袱。"

年轻人愣怔了一会，随即明白了大师话中的深意。原来，经历灾难、痛苦、孤独和眼泪，我们的生命得到了升华，但如果对此念念不忘，那它就会变成沉重的包袱压在我们身上，让我们每走一步都艰辛不已。

体悟到这些后，年轻人果敢地放下了包袱，他发觉自己走的每一步都轻松无比，慢慢地，他的内心涌进了许多快乐。

所谓“微言大义”，莫过于此。

每个人的生命旅途都曾遭遇过风风雨雨，每个人的心里都积压了不少烦闷痛苦，我们常常因为这些不如意辗转难眠，就像故事中的年轻人一样，时刻扛着一个巨大的包袱，总也找不到那一缕阳光来慰藉自己阴暗潮湿的心灵。

但凡不愉快的经历，我们都习惯于将其收纳在包袱里，日积月累，我们的包袱变得越来越沉重，总有一天，包袱会把我们的背脊压弯。台湾歌手吴克群有一首歌叫《纸片人》，其中有这么一句歌词：“说不出对你心疼几分，夜半听你哭声，你为爱变成纸片人，为何消瘦要我别过问？”其实，“纸片人”已经不再是爱情领域里“为爱消得人憔悴”之人的独有称呼，每一个扛着包袱生活的人，都可能因为包袱的重压而变成“纸片人”。

这种结果是可怕的。我们明明追求的是快乐和幸福，却又因为生命中必然会出现的艰难苦困而变得郁郁寡欢，这一切，或许是因为我们还不够爱自己，还不懂怎么去爱自己。在灾难和痛苦来临时，我们先是乱了阵脚，情绪开始失控，等到它们都过去了之后，我们仍无法从愤懑和悲伤的情绪中挣扎出来，生活在继续，我们却执意背负包袱前行，以为这样就能惩罚人生的无常，结果还是苦了自己。

其实，一个人如果真的爱自己，那不管他遭遇了什么厄运，他都会勇敢地扼住厄运的喉咙，绝对不会任由厄运摆弄。他深刻地认识到，如果他想寻求到生命中的阳光，那他必须事先预备好阳光的心理，而包袱太沉太重太阴暗，唯有彻底地放下它，阳光才有机会洒到他空无一物的内心。

五年前一个冬天的晚上，姜鑫被人抢劫了。当时，他和朋友吃完晚饭后，独自一人走在一条通往家的小巷子里。小巷子里没有路灯，他也看不太清楚前面有没有人。突然，一个人从角落里蹿出来，拿刀抵住他的小腹，要他把钱包拿出来。他也不知道哪里来的勇气，竟然和抢劫犯厮打了起来，全然一副要钱不要命的模样，不管抢劫犯怎么蛮横，他都死命护住自己的钱包。

最后，当抢劫犯把他钱包里的钱都抢走了，他才发现自己手里还死命攥着一个空空如也的钱包。他又气又急，把空钱包往地上狠狠地一摔，立马朝抢劫犯逃走的方向追去。可最后还是没追上，于是，他对着茫茫夜色失声痛哭。

这件事给姜鑫带来了严重的心理阴影，他再也不敢和朋友聚会到深夜了，有时候，别人只不过走在他边上，他都会变得很警觉，总感觉有人要伤害他。在他的心里，那一次被抢劫的经历俨然成了一个包袱，他背着这个包袱，行路艰难却始终不愿意放下。每分每秒，他都过得不快乐，总感觉自己的生活危机四伏。

人生总会有伤害，我们无法选择要或不要，更多时候，伤害总是突如其来，杀我们一个措手不及。被陌生人抢劫固然是痛苦的，可这种痛苦未必就没有滋养人的成分，如果我们懂得心疼自己，宠爱自己，那我们就一定能从中吸取教训，知道日后该怎么保护自己不受此类伤害。抢劫一事已然过去，一直停留在被抢劫的心理恐慌中，无异于再一次被“包袱”打劫，想到这些，我们怎忍心不放下？

哈佛大学的图书馆有这样一句话：当痛苦不可避免的时候，请享受它。这句话应该还有未尽之意，那就是，当痛苦过后，请放下它。谁的成长之路是一条康庄大道呢？高山险滩是不可避免的，我们总要去经历，而经历过后呢？我们还要学会放下，唯有放下，这些痛苦的经历才不会成为压抑在我们心间的沉重包袱，我们的生命才能源源不断地涌进来快乐。

有时候，糊涂一点更快乐

几乎没有人喜欢谎言，因为谎言意味着欺骗和背叛，意味着自己被蒙在鼓里，任人玩弄于股掌之中。因此，人们讨厌别人欺骗自己，同时，他们也不喜欢对自己撒谎。但是，就是这种对真相和事实的穷追猛打，又让人们得不到一种放松身心的快乐，我们执着于人和事的每一处细节，试图还原它们本来的真实面貌，好让自己活得明白一些。

我们以为活得明白就等于过得幸福，可事实证明，凡事要是都弄个水落石出，我们最后未必能承受住这份残酷的真实。换句话说，我们并不能从这份真实中获得让自己不断进取的能量，相反，我们甚至会被这份真实把控住，悲喜不由己。

对于一个追逐快乐和幸福的人，偶尔欺骗一下自己是没有关系的，不是有一个词叫“善意的谎言”吗？善意的谎言总是美丽的，它并没有任何恶意，很多时候它完全是出于良好的动机，永远是在维护他人的利益，顾全他人的面子，温暖他人的心灵。生活中，之所以会存在善意的谎言，是因为人心是非常脆弱的，一点点温暖和安慰都能让处于困境中的人重新站起来，从而勇敢地继续自己的生活。其实，善意的谎言不仅能用在别人身上，还能用在我们自己身上。当我们遇到困难时，当我们遭受不幸时，我们都可以给自己一个充满善意的谎言。

当然，也许有人会说，谎言就是谎言，一个撒谎的人，不管他是对别人撒谎，还是对自己撒谎，其骨子里总是镌刻着不诚信。可是事实并非如此，有时候，适当合理地编织一些善意的谎言，可以最大限程度地点燃一个人的希望之火，让他的内心充满正能量，从而重拾对生活以及未来前途的信心。

还记得美国作家欧·亨利的短篇小说《最后一片叶子》吗？女孩琼珊不幸得了严重的肺病，生命垂危，她躺在病床上，绝望地看着窗外对面墙上的常春藤叶子不断被风吹落，心想："等最后一片叶子掉落，我的生命也就结束了。"

于是，她终日望着那片叶子，等待它掉落，也悄然地等待自己生命的终结。

但是，窗外那最后一片叶子竟然一直没有掉落，直到琼珊的身体完全康复。琼珊以为最后那片叶子是有幸存留的，其实，那是贝尔曼——一个伟大的画家，在听完朋友苏艾讲述室友琼珊的故事后，夜里冒着暴风雨，用画笔画出的一片逼真的"永不凋落"的常春藤叶。

也正是因为这最后一片树叶，琼珊才重拾了生存的意志。

如果谎言能让一个对生命绝望的人重新燃起对生命的希望，那这样的谎言我们能说它不美好吗？我们能忍心对其口诛笔伐吗？不能！只要出发点是好的，说谎就并非传统意义上的恶意欺骗。

当然，举这个例子主要是为了说明更重要的一点，很多时候，为什么我们总是能对别人说出善意的谎言，唯独不愿对自己撒个小谎呢？难道我们自己就不能像别人那样值得被自己宠爱吗？别人是人，我们也是人，我们可以出于关爱而"欺骗"别人，难道我们就不能出于关爱而"欺骗"自己吗？

人生本就充满艰辛，每个在社会上摸爬滚打的人都伤痕累累，当我们带着一身疲倦和伤口回到属于自己的小窝时，我们应该比任何人都要心疼自己。犯错了，受委屈了，遇到挫折了，被人伤害了，不论这些事发生的原因是什么，也不管我们对此需不需要负责任，事后除了必要的反省外，我们实在不应再对自己有太多的责罚、怨恨和厌恶。想想，那些受了伤回到家的小孩，他们内心最为需要的不是父母在他的面前摆臭脸说道理，而是关切的话语和温暖的拥抱。

小孩子如此，我们亦如此。在痛苦的处境里，谈理性和讲事实永远都是无用的、粗暴的、不合情理的，受伤的人只需要“共情”，别人的“共情”和自己的“共情”，而后者又尤为重要。因为身体是自己的，心灵也是自己的，如果我们自己都不能和自己和解，那别人再怎么嘘寒问暖也起不到真正的疗伤作用。因此，从这个角度看，在遇到过不去的坎时，偶尔欺骗一下自己就显得十分必要了。

总的来说，欺骗自己只有一种方式，那就是当事实的指向有损我们的自尊、打击我们的自信、让我们心怀愧疚或是备感羞耻时，我们要拼尽全力，让自己的认知往反方向走。比如，工作上出了失误，我们除了检讨自己的问题，最重要的还是要对自己说：“我很优秀，这不完全是我的错。”如此，我们才能让自己的内心做到“水过不留痕，雁过不留声”，并一直对生活保持着热情高昂的姿态。

哲人塞·约翰逊曾说：“一个人宁可听一百句谎言，也不想听一句他不愿听到的真话。”活得太过真实不是什么好事，难得糊涂才能享有长久的快乐。如果开诚布公、直截了当、坦率无忌、和盘托出地说出残酷的真相，会给自己造成一种深入骨髓的痛苦和伤害，那我们不如多宠爱自己一点，偶尔对自己撒撒小谎，毕竟这样做能让我们变得更快乐一点，而快乐不正是我们毕生所追求的吗？

不再杞人忧天

“悟以往之不谏，知来者之可追。”这是东晋诗人陶渊明在《归去来兮辞》中的一句诗词，大意是，过去已经消逝在时光的长河之中，我们再怎么悔悟，也无法弥补过去留下的遗憾和犯下的错误，现在唯一能做的就是在未来的岁月里努力把事情做好，不要让遗憾和错误再次发生。

这句诗词颇有悬崖勒马的意味。回顾中外历史的长河，能真正做到不反刍痛苦的伟人，英国首相劳合·乔治绝对要算一个。

有一天，乔治和一位好朋友在院子里散步，每当他们走过一扇门，乔治总是随手把门关上。朋友注意到这个小细节之后，有点纳闷，他好奇地问道：“乔治，为什么你每次都要把这些门关上呢？有什么必要啊？”

“当然有必要啊！”乔治微微一笑，又继续说道，“你知道吗？我这一生都在关我身后的门。这是我必须做的事情。每当我关上身后的门的时候，就决心把过去发生的一切都抛在脑后，不管它是辉煌的成就，还是令人懊悔的失误。只有这样，我才可以重新开始自己的美好生活！”

在对待痛苦的往事上，乔治的态度无疑是豁达的，很少有人能像他那样。人们总是不愿意接受昨天已经尘埃落定的遗憾和错误，以至于他们经常用自己的痛苦来变相成全内心那份对完美的苛求。这样做的后果是非常可怕的，它并不能给一个人的生活带来多少奇迹，反而会让他们的工作和生活停滞不前。

捷克作家米兰·昆德拉曾在其名作《不能承受的生命之轻》中

说道："因为人的生命只有一次，我们既不能把它同以前的生活相比较，也无法使其完美之后再来度过。"其实，他所要表达的意思是，每个人的生命都是现场直播，谁都没有彩排的机会，所以谁都会不可避免地犯下错误。如果我们不能像乔治首相那样果断地关上身后的门，那我们只能在屡次的反刍痛苦中消耗掉宝贵的生命。

之前，我们曾反复提及人要懂得宠爱自己，而宠爱自己的一个显著标志就是我们是否活在当下。一个活在当下的人，必定像乔治首相一样不反刍痛苦，除此之外，他还不会向未知的明天预支烦恼。有人不懂何谓"预支烦恼"，简单来讲，就是一个人分分钟钟都处于一种没有安全感的愁闷之中，比如，喝着杯里的水，担心自己会不会呛死；吃着碗里的饭，忧心自己会不会噎死。

这种心态近似于"杞人忧天"，纯粹是自寻烦恼。

雷勇被身边的朋友戏称为"操心哥"，不管何时何地看到他，他的眉头永远都是紧锁的，额头上的抬头纹若隐若现，时常给人一种心事重重的感觉。

朋友们的感觉没错，雷勇确实是对自己的未来忧心忡忡。他今年快30岁了，工作已有七八年，眼看着身边的同事一个个都升职加薪，就他还是外甥打灯笼——照舅（旧），这怎么不令他心生烦闷呢？

再这样下去，他很担心自己是否能存到钱娶老婆，毕竟他也老大不小了，父母又只有他一个儿子，都巴巴地等着抱孙子呢！

每次想到这些，雷勇都感觉坐立难安，工作也沉不下心来。有一次，他又因为这些烦心事走神，公司领导叫了他好几次他都没听见，直到邻座的同事推了他一把，他才"如梦初醒"，一脸茫然地看着早已黑脸的领导。

念在他是初犯，领导决定给他一次机会，可当这种事发生的次数越来越多时，领导二话不说就炒了他的鱿鱼。在雷勇离开公司前，领导还送了一句话给他："这世上，有的人缺爱，有的人缺钱，我还没见过像你这样缺烦恼的！"

是啊，未来的事情总是变幻莫测，如果明天注定有烦恼等着我们，那我们再怎么担心也无法改变这个事实，又何必向"明天"这个大老板提前预支烦恼呢？雷勇傻就傻在对未知怀揣一颗不安之心，他若是懂得宠爱自己，就不会继续这种毫无价值的内耗行为。

要知道，烦恼和忧愁就好比树上的叶子，谁也没有办法让属于明天的落叶提前掉到地上好让我们清扫干净，同理，谁也没有办法将属于明天的烦恼抢先一步吃进自己的肚子里。我们每个人都只拥有当下，与其向明天预支烦恼，不如将当下的真实紧握在手，说不定明天会因为我们的努力而变得丰满甘甜。

生命最大的魅力不在于结果，而在于过程。凡是沉溺在过往痛苦和明日烦恼中的人，都有程度不一的"结果综合征"，这种对结果的偏执让他们无法认真体会生命的每一分每一秒，自然也无法从中得到任何乐趣。他们渴望得到幸福和快乐，却时常事与愿违，频繁尝到痛苦和烦恼的滋味。

终有一天，当我们愿意多给自己一些宠爱时，我们会知晓，昨天和明天都不是我们的私有财产，我们所拥有的只有转瞬即逝的当下。既然快乐是一天，不快乐也是一天，我们就应该开开心心地过好每一天，再也不傻乎乎地去反刍昨天的痛苦和预支明天的烦恼。

不完美也别苛责自己

法国著名作家雨果曾经说过："世界上最大的是海洋，比海洋更大的是天空，比天空更大的是人的胸怀。"

的确如此，豁达是一种境界，无论你取得多大的成功，无论你设定多少美好的目标，没有豁达和宽容，你仍然会遭受内心的痛苦。就像播下种子，却并不一定开出想象中那样芬芳美丽的花朵一样。面对这种结果，你其实也不必灰心失望，因为我们注重的不是娇艳的花朵，而是沉甸甸的果实。

佛界有一副名联："大肚能容，容天下难容之事；开怀一笑，笑世间可笑之人。"俗语有云："将军额上能跑马，宰相肚里可撑船。"这些话强调的无非是为人处世要豁达大度，在发生冲突时要怀抱开放之心，宽以待人。然而，在现实生活中，很多人却总是习惯于怨天尤人，牢骚满腹，总是觉得别人对不起他，总不愿意站在别人的角度去看问题。殊不知，当他们喋喋不休抱怨的时候，这世上的悲剧和不幸便悄然降临在他们的身上了。

一位生长在农村的小女孩，她从小的梦想就是要上大学。可是，由于家庭经济困难，她只能听从家长的安排上了技校。自此以后，她的性格逐渐变得孤僻、自私，并不再相信任何人。

其实，在生活中我们每个人都会有自己的愿望，但也同样都背负着一些不可推卸的责任和义务。这个来自农村的小女孩之所以选择技校，也正是出于这种责任和义务。应该说她的这种选择减轻了家庭的负担，至少可以早一些就业以缓解家庭的经济困难，因此她的这种牺牲和痛苦也是有价值的。只有认识到这些以后，小女孩才不会因为

"大学梦"的破灭而消极地对待生活。试想，此刻纵使她呼天抢地又能改变得了这种现实情况吗？恐怕除了使她的心里更加难过以外，只能使自己将来的人生障碍重重。既然无法改变这种现实，那就要以积极乐观的心态来承受这一切。如果她能正视现实，乐观开朗起来，谁又能说机会就不属于她呢？

"老三届"对于现在的年轻人来说，或许已经是一个非常陌生的词语了。生在那个特殊的年代里，他们受教育的权利被无情地剥夺了，他们中很少有人能够读完高中，但这并不代表这一代人就不能出类拔萃，像著名作家路遥、著名导演张艺谋就是从那个时代走过来的人。据他们回忆，在那个时候他们既没有书看，每天还要从事繁重的体力劳动，有时甚至晚上还会被饿得肚子咕咕直叫，可是他们依然能跻身社会名流。

所以说，人生之路大多是不能完全按照自己的理性规划去发展的。今天丧失掉一次机会，焉知将来不会得到更好的机会？

法国有一位画家，在一次事故中他的右手严重受伤，以至于不能再执笔作画了。痛苦之余，这位画家尝试着用左手绘画。经过一段时间的练习之后，令他感到非常惊奇的是，由于左右手的易位，使他打破了多年来存在于画家意识中或潜意识中的条条框框。结果，他现在用左手作画，整个画面显得形象鲜活、率真自然。甚至画家自己都觉得，用右手辛辛苦苦作画二十多年都没有达到的良好效果，改用左手作画之后，反而轻而易举地达到了。朋友们都开玩笑地说："这真是因祸得福啊！"

还有一位画家，名叫图鲁斯·劳特芮瑟，身体畸形而矮小，但他创作的杰出绘画使其成为印象派时代最伟大的天才之一，尽管身材矮小，他却被后世视为一位巨人。

假使这些不幸者在抱怨自身的不幸和身体缺陷中度过一生，我们也不会对他们有什么指责。他们或自身条件有限或经济困窘或身体羸弱，但是他们的成功却不知要大于我们多少倍，其中最重要的原因就是他们有勇气接受不完美的自己，并向自我发出挑战。

李某是北京一所重点大学的准大学生，高中阶段的他一直勤于学业，把分数看得很重。如果他得不到满意的成绩，就会觉得一切都没有了。他总是习惯性地拿自己和别人做比较，但比较的结果让他更加自卑：他不善言辞，不敢在班会上慷慨陈词；他体格瘦小，总是不能完成体育老师要求的规定动作……他担心，在大学这个高手如云的新环境中，自己将被远远地抛在后面。每当想到这些，李某简直有点发怵。

其实，像李某的这种心理，是许多大学新生刚跨进校门时都容易出现的。他们怕在这个“高手如云”的校园里，自己学习上的优势不复存在。事实上，这种可能是存在的，这就像一个运动员在省队是第一名，进了国家队就可能变成第二、第三了。但是你有没有想过，能跻身国家队，这本身就足以说明你是一名优秀运动员。所以，在这个时候，我们就要适当地降低对自己的期望值，接受“不完美”的自己，放松捆绑自己精神的绳索，并以开朗的心情投入生活，从而感受到丰富多彩的人生。

接受“不完美”的自己，就是让自己保持一种豁达、乐观的心态，唯有这样，我们才不会被生活中的困难击倒，才会走出困境，活出全新的自我。

成功永远没有终点。终生成功的人会在达到短期目标的“终点”后，继续向自我发出挑战，去搏击新的目标，勇敢超越自我，创造一项又一项新的人生纪录，以明天会更好的心态凌驾在昨天的成绩之上。

让自己好好睡一觉

微博上曾流行这么一段话："我们在吃饭时想着工作，在工作时想着出游，在睡觉时想着娱乐，在恋爱时担心分手，在拥抱时还在看表……如果我们不能在适当的时间做专一的事，我们将永远都是凡人一个，永远都无法体会到生活的细节带给我们心灵深处的愉悦。"这段话带给许多人启发，因为它说出了我们每个人的心声，我们似乎总在焦虑，明明想要快乐，却经常干出让自己不快乐的事情。

问一问自己，有多久没有好好吃一顿饭了？有多久没有好好睡一个觉了？有多久没有好好谈一场恋爱了？有多久没有好好享受一个拥抱了？我们已经习惯了一心两用，吃饭的时候原本应该好好享受一顿美食，好好满足一下自己的味蕾，可吃着吃着我们的心思又飘到了工作上，一顿饭吃完，我们都不知道饭菜是什么滋味。当然，这还不是最可怕的，真正可怕的是，我们的睡眠质量实在太差了。

中国睡眠指数报告显示，超过三成国人睡眠质量不及格。怎么个不及格法呢？有的人到点了不睡觉，要么在上网，要么玩手机，要么和朋友出去玩，对此，两个字可以形容——熬夜；还有的人不熬夜，但是他们喜欢在睡觉的时候想东想西，整个人思虑重重，脑子根本静不下来，所以无法安然入睡，即使睡着了也容易半夜惊醒，或是做梦连连，第二天起床感觉身体疲乏，怎么睡都睡不够。

所有人都知道，睡眠对一个人是非常重要的，人的一生中有三分之一的时间是在睡眠中度过的。几千年来，古人们一直遵守着日出而作、日落而息的自然规律。当我们处于睡眠状态中时，我们的大脑和身体都能得到休息、修正和恢复，优质的睡眠对我们的日常工作和生活特别有帮助。

关于睡眠的名言俯拾皆是，如“早睡早起身体好”“吃人参不如睡五更”“三更无眠，血不归经”“一夜不睡，十夜不足”等。不光是中国的老祖宗看重睡眠，老外们对睡眠也是格外重视，美国作家马克·吐温曾说：“我除了睡觉和休息，从没有其他的锻炼。”法国思想家伏尔泰也说：“上帝为了补偿人间诸般烦恼事，给了我们希望和睡眠。”

因此，如果我们睡不好，那我们的身体、生活和工作都要大打折扣。

小美是一个80后女孩，她常挂在嘴边的一句话是：生前何必久睡，死后自会长眠。每次父母让她早点睡觉，她都会迅速地抛出这句话当挡箭牌，你别说，这话乍听起来还真让人无从辩驳。父母眼看她不听劝，也不好再说什么，只能任由她夜夜笙歌玩到凌晨两三点才回家。

偶尔晚上不出去和朋友玩，小美也从来没有早睡过，她每次不是上网看电视，就是拿手机和朋友聊天。有时兴致一来，早早地躺到床上想好好睡一觉，但没有一次如愿过，她的脑子里仿佛有一叶风扇，呼呼转个不停。

好在她年轻，身体还经得起她这么昼夜颠倒地瞎折腾，刚开始，小美晚睡早起去上班一点事儿也没有。可三四个月后，有一天早上，小美拿着梳子对着镜子大叫道：“我的头发怎么只剩这么一点啦!”妈妈闻言立马冲到浴室，只见小美蹲在地上号啕大哭，手里还紧握着梳子，梳子上粘满了细细长长的头发。

妈妈吓了一大跳，二话不说就拉着小美去看医生。到了医院后，在妈妈的强烈要求下，小美做了一个全面体检。最后，医生告诉小美，以后一定要规律作息时间，不然身体会垮掉的，头发掉得厉害就是身体虚弱的一个表现。

回到家后，妈妈和小美谈了一次心："你之前老是说生前何必久睡，死后自会长眠，现在的情况你也知道了，你想以后进棺材的时候秃着脑袋吗？"

妈妈的话让小美面红耳赤，她摇了摇头，这次掉头发的经历把她吓得花容失色，她以后再也不敢拿睡眠不当回事了。

有科学研究表明，缺乏睡眠的人，不仅免疫能力大幅度降低，每天的衰老进程也是正常人的4~5倍。不管是熬夜晚睡，还是失眠睡不好，都能引发一系列严重的健康问题，比如，可导致抑郁症、加速皮肤衰老、令人健忘愚钝、诱发肥胖等，严重者还会增加死亡风险，要知道，那些睡眠从7小时减少至5小时甚至更少的人，其患有疾病致死的风险增加将近一倍。

而小美如果不是及时就医，谨遵医嘱，也许她妈妈那番话会一语成谶。

有些人认为，平时白天工作压力太大，生活和情感也有许多不顺，只有晚上可以好好放松一下，如果此时不娱乐，还有什么时间娱乐呢？此话差矣，休闲娱乐不是坏事，可也不能毫无节制，尤其不应该为此牺牲宝贵的睡眠时间。再说了，优质的睡眠是有益于身心健康的，如果我们真的足够爱自己，就应该早点洗漱完上床休息，把之前欠自己的睡眠通通补上。

最后，为那些睡眠不好的朋友提供几条提高睡眠质量的小建议。

1. 睡前不要吃东西。睡觉时，消化系统也都会"休息"，所以睡前吃东西会干扰你的睡眠。你还需要避免在睡觉前喝提神的饮料，像茶、可乐、咖啡等。

2. 建立良好的作息时间。不规律的睡眠时间会干扰你的"生物钟"调整，如果你早上7点起床，那尽量在11点前入睡。

3. 睡前试着冥想。如果你平日喜欢思虑，那睡前可以尝试放松身心，抛去杂念，让自己的意念集中在“入睡”上。

4. 平时坚持锻炼身体。每天请保持 20 分钟的户外活动，以此让你的身体达到兴奋状态，这样晚间你才会感到疲劳而乖乖休息。

如果我们真的意识到优质睡眠对我们的重要性，那几乎就没有睡不着的时候，总之，关键在于我们是否懂得宠爱自己。因为只有爱自己的人，才会想尽办法去对自己好，让自己有一个优质睡眠，给自己以好气色和好体魄。

享受衣食住行的美好

直到凌晨 3 点胃痛醒来，孙均才想起最后一次按时吃饭，还是春节在家的时候。那时候因为父母的监督，他一日三餐都会按时吃，饭菜营养搭配也非常均衡，而且每次吃完饭后，妈妈还会给他端上一小碟水果，每次都不会重样，时而是切成小块的苹果，时而是剥了皮的橙子，时而又是洗净的樱桃。

而现在，他却只身一人生活在千里之外的另一个城市，少了父母的照顾，他再也没有好好地吃过一顿饭。每天早上起来，匆忙洗漱后，他就拎着从路边摊买来的酸辣粉挤公交，再火急火燎地冲进办公室。有时候因为老板提前到了公司，他连消灭酸辣粉的时间都没有，永远只能趁老板不注意时偷偷地扒拉两口；午饭更是简单，一盒饼干配一杯酸奶就可以轻松打发，这还是好的，要是工作忙起来，他常常午饭和晚饭一起吃；下班后，他才能稍稍放松，于是经常呼朋唤友一起去吃饭，有时吃火锅，有时吃烧烤，实在约不上人，他就一个人默默地回到家里，一边看综艺节目，一边吃从淘宝上买的各种零食，如鸭脖、碧根果、花生豆、山楂条等，有什么吃什么，零食要是吃完了，就去楼下的超市买一桶泡面和一根香肠也能打发过去。

一个人在外的日子，每天都不按时按点地吃饭，每次吃饭都吃些没营养的食物，这让他的胃变得越来越差，总是动不动就闹胃疼。现在是凌晨 3 点，药店都关门了，他又能上哪儿去买药呢？

没办法，他只好用手不停地抚摸自己的胃，可剧烈的疼痛还是让他忍不住落泪。他心想，这个点还有不少人在外面胡吃海喝吧，对他来说，现在最想吃的，却是可以缓解胃疼的药，只要一片和水服下，就能带给他满足，这是任何美食都无法做到的。

中国人爱吃，不仅爱吃大餐，也爱吃小吃，每当夜色降临的时候，各个城市的大街小巷都能看见许多吃货的身影。俗话说，早餐吃得要像皇帝，午餐吃得要像平民，晚餐吃得要像乞丐。可我们却恰恰相反，早餐吃得像乞丐，晚餐吃得像皇帝，有为数不少的人甚至连早餐都不吃，原因是晚上睡得晚，早上起得也晚，所以常常早中餐一起吃。其实，这种不良的饮食习惯都是有损健康的，首先它让我们的肠胃饱受伤害，容易诱发肠胃疾病。孙均正是因为时常饥一顿饱一顿，吃了太多的垃圾食物才得了胃病，经常闹胃痛。而每次胃不舒服，他就没法正常上班，一个月有时会断断续续请上三四天假，公司老板为此对他颇有微词。

另外，经常不吃早餐，或是早餐吃得太差或太快的人，会比一般人更容易生病。英国著名临床心理学家罗斯·泰勒曾说，早餐的质量不好不仅影响人一天的决策和思维能力，还会造成胃炎、肥胖、胆结石等一系列健康问题。德国埃朗根大学也有研究表明，不注重吃早餐的人寿命甚至平均缩短 2.5 岁。

孙均渐渐觉得，自己和父母住的那段日子才是最幸福的，至少他的胃得到了足够的关爱和呵护。那次胃痛过后，他开始重视自己的吃饭问题，现在早上会比过去提前半个钟头起来，然后优哉游哉地给自己熬个清粥，煮个鸡蛋，热杯牛奶。每到中午，不管多忙，他都会停下手头的工作，去外面挑一家干净的餐馆吃一顿美味可口的午饭。吃饭的时候，他不再像以前那样一心两用玩手机，而是把手机放在外衣口袋里，然后乖乖地享用自己的午餐，细嚼慢咽，好不惬意。下班后，他也不和朋友一起出去吃大餐了，一个人买点青菜和鲜肉回家开火做饭。

他不想再体会那种绵延不断的胃痛了，身体是革命的本钱，如果一个人失去了健康，就算有再多的美食摆在他的面前，他也无福消受。吃饭不应该变成一种社交手段和味蕾消遣，吃饭应该只能是吃饭，我们吃饭除了果腹以外，在吃饭这个过程中，我们还须尽情地去体会它带给我们的那种纯粹的快乐和享受。

肠胃也是有感情的。它是我们身体的一部分，好好地对待它，就是好好地宠爱我们自己。人世间最幸福的事，莫过于昏黄的灯光下，一家人围坐在餐桌边一起享用香甜可口的晚餐，我们可以一边吃饭，一边畅聊当天发生的有趣事儿。这才是吃饭的真正意义所在，它让人的灵魂在放松之余又有了归宿。

很多人有所不知，吃饭除了须三餐定时，营养搭配均衡外，吃饭时的心情也是非常重要的。不是有一句老话吗？郁闷吃饭莫如快乐吸烟，如果我们在吃饭时带着不高兴的情绪，又或是思虑过度，压力太大，那这顿饭铁定吃不出啥好滋味，有时甚至会引起各种胃肠道疾病，可以说是得不偿失啊！

生活其实很简单，剥去它复杂迷离的外衣，我们会发现，原来每一天无外乎是吃饭、睡觉和劳作。而民以食为天，吃饭更是头等大事，如果我们足够爱自己，关心自己的健康，那就先从好好吃饭开始做起吧！

梦想的旅行，请提上日程

人生一定要有两次冲动，一次是说走就走的旅行，一次是奋不顾身的爱情。而爱情可遇不可求，唯有旅行是一个人就可以去做的。每个人的心中，都有一个关于旅行的梦想，当我们还是一个小孩子时，就幻想过穿着一身白衣，骑上一匹骏马，然后仗剑走天涯，赏遍祖国大好河山，吃遍人间美味食物，渴了就大口喝酒，饿了就大口吃肉，一路上遇到不平之事，还能痛快地拔剑相助。

这种如梦似幻的旅行，想想都让人沉醉不已。长大后，我们开始步入社会，努力工作谋求生存，梦想中的旅行被我们悄悄地埋藏在心底，每当遇到不开心的事情，或是对单调乏味的生活心生倦怠时，它才会蠢蠢欲动。尤其看到一列列火车从铁轨上呼啸而过，我们就恨不得抛下一切，随便跳上一辆列车，跟随它去向未知的远方。也许，我们会在一个陌生的站台下车，等待我们的或许是小桥流水人家，或许是寒冷的雪域高原，又或是别具民族风情的古镇。

遗憾的是，这些美丽动人的旅途风光总是只在我们的梦境中出现，由于各种各样的原因，我们迟迟没有把它提上日程。每每提到这些，就会有人调侃道："我们怎么就没旅行过？现在，连出门拿个快递都是一次说走就走的旅行！"苦笑之余，我们深深地明白，我们之所以一直没有将梦想中的旅行付诸行动，完全是因为我们还不够爱自己，我们总是把资金不足、没有时间、工作压力太大等当作借口，仿佛如果没有这些羁绊，我们就能彻底放松地去完成自己的旅行梦想。

非也，非也。一次旅行能花掉我们多少积蓄呢？能占用我们多少时间呢？能影响我们多少工作成效呢？资金不够，我们可以攒；时间不够，我们可以挤；工作太忙，我们可以推。总之，树挪死，人挪活，方法总比问题多，繁忙的工作和生活既然已经抽走了我们太多的能量，我们更应该多爱自己一点，给自己放一个长假，借旅行好好地放松一下身心。

刚结婚的时候，朵朵一直围着老公转，等生了小孩后，她又开始围着儿子转。兜兜转转那么多年，有时候她看着镜子里的自己竟然生出许多陌生感，那张脸不再像年轻时那样充满光泽，富有弹性，用手轻轻地一摸，触感粗糙干瘪，而她之前最引以为傲的眼睛，也不复年轻时那般水灵，眼部下方早已长出了几条细纹，正触目惊心地提醒她：你已经老了！

她不止容貌老了，连心也一并苍老了。她幽幽地坐在沙发上，开始回忆起自己年轻时候的梦想，回忆越深，她的心就越沉，她感觉，工作、家庭和生活让她变成一个陀螺，她只知道不停地转动，却忘了偶尔也要停下来去问问自己，你有什么心愿需要我帮你实现吗？朵朵当然有，她年轻的时候就对西藏特别向往，发誓以后工作挣了钱，一定要去西藏旅行。

这个心愿一直被她完好地放在心里，只不过因为结婚太早，她把注意力全部放在了家庭和工作上，所以才一直没有把它提上日程。庆幸的是，这一切还来得及，她还没有老到走不动。和老公商量，征得他的同意后，朵朵立马收拾好行囊直奔西藏，在西藏，她终于见到了传说中的湛蓝天空，尝到了美味的酥油茶，参观了雄伟的布达拉宫，并为家人祈福。

这一趟西藏之旅带给她太多的触动，她甚至有些后悔自己没有早点去。在西藏的那几天，她什么人和事都没想，只是单纯地看风景，赏风俗，吃美食，脑子里没有一点杂念，她感觉自己从来没有活得那么轻松过。

这就是旅行带给人身心的洗礼。其实，旅行最大的好处，不是能见到多少人，赏过多美的风景，而是走着走着，在一个际遇下，重新认识了自己。旅行带我们进入一个陌生的领域，那儿没有琐碎的家长里短，没有职场上的激烈竞争，更没有令人感到焦虑的潜规则和过于复杂的人际关系，我们可以彻底地做自己，宠爱自己，让自己心中的压力和烦闷随风而散。

旅行结束后，虽然生活依旧一地鸡毛，我们看待生活的心态却有了翻天覆地的变化。对于朵朵而言，西藏之行让她焕然一新，她变得更加热爱生活，也更加懂得宠爱自己。此后，只要有空闲时间，她就不再围着老公孩子转，而是偶尔去做做美容，和朋友逛逛街，或是干脆又开始一次说走就走的旅行。

美国小说家凯鲁亚克说过："我还年轻，我渴望上路，带着最初的激情，追寻着最初的梦想，感受着最初的体验，我们上路吧。"仅仅活着是不够的，世界那么大，人生那么长，我们总要为饱受生活摧残的自己出走一次。当我们背负行囊，穿过人群，越过高山，涉过河流，来到梦想中的远方时，我们仿若又重新活了一次。旅行是为了更好地生活，难道我们不想看到一个崭新的充满力量的自己吗？别再犹豫了，让我们好好地爱自己一回，轻装上路吧！

第六章
学会放下，让生活重新美好

人生有很多事情是我们不能掌控的，有时候犯下某些错误也是无法挽回的，这时，与其沉溺在悔恨、纠结中无法自拔，还不如让自己放下，卸下心里的这些负担，让自己的内心更加轻松愉快，也能让你的生活重新变得美好。

有包容一切的气度

比尔·盖茨认为，一个能够开创一番事业的人，一定也是一个心胸开阔的人。只有胸襟开阔、有包容心的人才会在将来取得事业上的成功与辉煌。广览古今中外，大凡那些胸怀大志、目光高远的仁人志士，无不拥有“海纳百川，有容乃大”的气度。相反，那些鼠肚鸡肠、睚眦必报的人则鲜有成就大事业的。

纵观历史上的那些战乱纷争，有些在我们现在看来甚至是非常可笑的，但它们却又真实地发生过：1654 年瑞典与波兰之间爆发了一场旷日持久的战争，起因是在一份官方文书中，瑞典国王的附加头衔比波兰国王少了一个；瓦西大屠杀及其以后延续的 30 年战争是因为一个小男孩向格鲁伊斯公爵扔石块；英法大战的爆发也仅仅是因为在一次宴会上，侍者一不小心把玻璃杯里的水溅在托莱侯爵的头上。

生活当中，作为普通人的我们不可能因为一件小事就引发一场灾难，但我们可能会因小事而带给周围的人不愉快的感觉。所以，我们每个人都应该意识到，通过包容来获得别人好感的重要性。卫斯汀·豪斯曾经这样说过：“任何组织，包容必须从上面做起，这是重要的。如果上面的人希望下面的人包容，就必须先要对职员包容。”人们称赞宽容，同时也希望得到别人的谅解和宽容。

宽容不仅仅包含着理解和原谅，而且显示出一个人的气度，因为唯有宽容才会使你“大肚能容，容天下难容之事”。因此说，一个人能为多大的事情而发怒，也就说明了他的胸襟有多开阔。

有一位禅师住在深山简陋的禅房里面。一天，他散步归来，发现禅房里面正有一个小偷在翻箱倒柜地寻找财物。最终，小偷却失望地发现禅师已经站在门外了。惊慌失措的小偷赶紧逃出禅房想要溜之大吉。禅师却伸手拦住小偷，慢慢地退下披在身上的袈裟说："施主，你走了这么远的山路来到这个偏僻的地方看望我，我总不能让你空手而归吧？这件衣服你就带走吧！"说完，禅师把衣服披在小偷身上。小偷惭愧地低下了头，默默地溜走了。

第二天清晨，禅师从禅房里走出来却发现他送给小偷的那件袈裟被叠得整整齐齐地放在了禅房的门口。禅师的宽容，最终使那个小偷良心发现，归于正途。

宽容是一种气度和胸怀，它拥有的力量不但可以帮助自己走出困境，同时也可以帮助别人走出困境，获得成功的机会。

美国著名的试飞员鲍勃·胡佛在一次执行试飞任务的时候，忽然发现左右两个引擎竟然同时失灵。在这千钧一发的时刻，胡佛凭借着他高超的飞行技术奇迹般地安全降落。事后查明，造成这起事故的直接原因竟然是因为一个年轻的技师在引擎里注错了燃油。大家纷纷指责这个技师犯下如此低级的错误。年轻的技师面对胡佛痛哭流涕，追悔莫及。就在此时，令大家感到惊讶的是胡佛并没有责怪这个年轻的技师，他只是走上前去拍了拍这个年轻技师的肩膀："你是能干好的，走吧，伙计！开工吧！"从此以后，这个年轻的技师在工作中再也没有犯过类似的错误。

拿破仑在进军意大利的途中，一次夜间查哨，他发现执勤的哨兵竟然睡着了。对此，拿破仑并没有发作，而是拿起哨兵的枪在他的哨位上站了半个多小时，一直到那个哨兵醒来。惊慌失措的哨兵立刻叩头求饶，拿破仑并没有责备和惩罚这个偷懒的士兵，反而亲切地对他说："这段时间作战确实非常艰苦，大家困乏也是可以理解的。但是，作为一名哨兵，如果在执勤的时候出现这样的疏忽，可是会葬送全军士兵性命的，所以你下次执勤可要注意了。”

看看那些成功的智者，他们在面对别人的错误甚至冒犯的时候，总是会显示出宽容。其实，人无完人，良马也有失蹄的时候，唯有真诚理解和慰藉才能够使那些有过失的人恢复自信和自尊。

宽容，是一种无声的教育，它不仅可以温暖我们自己和他人的心灵，还是处理各种非议、回避攻击的最好武器。总是对人给予宽容，是那些成功人士视为珍宝的成功秘诀。

洛克菲勒就非常崇尚真诚的宽容，即使他的合伙人爱德华·贝佛在处理一笔生意时因决策错误致使公司丧失了投资额的40%，他不但没有指责他，反而恭贺贝佛保全了公司投资额的60%。细细品味这些令人感动的人和事，我们所感受到的并不是什么神奇的办事技巧，而是发自内心的爱和宽容。而这，理应成为我们的处世准则。

莎士比亚曾说过：“有时，宽容比惩罚更有力量。”的确，宽容是一种美德。因为你的宽容，亲人爱护你、朋友信赖你、同事喜欢你，你周围所有的人都会欢迎你的到来。这就是宽容的力量。

放下有时候会让你更快乐

佛语中讲的“放下屠刀，立地成佛”中的“放”意为“放弃”，而“屠刀”则泛指恶念。不论是“放弃”还是“放下”，都是让人们要将某些该放下的事情敢于放下、勇于放下。

从古到今，芸芸众生都是忙碌不已，为衣食、为名利、为自己、为子孙……哪里有人肯静下心来思考一下：忙来忙去为什么？多少人是直到生命的终点才明白，自己的生命浪费了太多在无用的方面，而如今却已没有时间和精力去体会生命的真谛了。唐代的寒山禅师针对这一现象作过一首《人生不满百》的诗——

人生不满百，常怀千岁忧。

自身病始可，又为子孙愁。

下视禾根土，上看桑树头。

秤锤落东海，到底始知休。

此诗可以这样解释：“人生不满百，常怀千岁忧”，尽管人生非常短暂，但是人们却都抱着长远规划，全然忘记生命的脆弱；“自身病始可，又为子孙愁”，不仅应付自己的烦恼，还要为子孙后代的生活操劳；“下视禾根土，上看桑树头”，生命中劳劳碌碌都是为衣食生计奔波，哪里有时间停下来思考一下生命的意义；“秤锤落东海，到底始知休”，人生的轨迹就如同掉进水里的秤砣一样，直到碰到生命的尽头才会停止。

寒山禅师以此诗提醒世人“即刻放下便放下，欲觅了时无了时”，能放下的事情不妨放下，若是等待完全清闲再来修行，恐怕是永远找不到这样的机会啦。

放下一切困扰着我们的欲望，淡泊名利，清心寡欲，这样你就会走出因欲望造成的困境，就会远离烦恼，就会活出不一样的自我。

从前有个国王，放弃了王位出家修道。他在山中盖了一座茅草棚，天天在里面打坐冥想。有一天他感到非常得意，哈哈大笑起来，感慨道：“如今我真是快乐呀。”

旁边的修道人问他：“你快乐吗？如今孤单地坐在山中修道，有什么快乐可言呢？”

国王说：“从前我做国王的时候，整天处在忧患之中。担心邻国夺取我的王位，害怕有人劫取我的财宝，担心群臣觊觎我的财富，还担心有人会谋反……。现在我做了和尚，一无所有，也就没有算计我的人了，所以我的快乐不可言喻呀。”

人生往往如此：拥有越多，烦恼也就越多。因为万事万物本来就随着因缘变化而变化，凡人却试图牢牢把握让它不变，于是烦恼无穷无尽。倒不如尽量放下，烦恼自然会渐渐减少。话虽如此，又有谁能放下呢？

许多人都有贪得无厌的毛病。正因为贪多，反而不容易得到，结果患得患失，徒增压力、痛苦、沮丧、不安，此外一无所获，真是越想越得不到。

有个孩子把手伸进瓶子里掏糖果。他想多拿一些，于是抓了一大把，结果手被瓶口卡住，怎么也拿不出来。他急得直哭。

佛陀对他说：“看，你既不愿放下糖果，又不能把手拿出来，还是知足一点吧！少拿一些，这样拳头就小了，手就可以轻易地拿出来了。”

在生活中，学会“得到”需要聪明的头脑，但要学会“放下”却需要勇气与智慧。普通的人只知道不断占有，很少有人明白如何放下。于是，占有金钱的为钱所累，得到感情的为情所累。佛家劝人们放下，不是要人们什么事情都不做，是说做过之后不要执着于事情的得失成败：钱是要赚的，但是赚了之后要用合适的途径把它花掉，而不是试图永远积攒；感情是应该付出的，不过不必强求付出的感情一定得到回报，更何况什么天长地久。如果我们拥有了“放下”的智慧，那么不仅会对周围的人有利，更是从根本上解脱了我们自己。

当佛陀在世的时候，有位叫婆罗门的贵族来看望他。婆罗门双手各拿一个花瓶，准备献给佛陀做礼物。

佛陀对婆罗门说：“放下。”

婆罗门就放下左手的花瓶。

佛陀又说：“放下。”

于是婆罗门又放下右手的花瓶。

然而，佛陀仍旧对他说：“放下。”

婆罗门茫然不解：“尊敬的佛陀，我已经两手空空，你还要我放下什么？”

佛陀说：“你虽然放下了花瓶，但是你内心并没有彻底放下执着。只有当你放下对自我感观思虑的执着、放下对外在享受的执着，你才能够从生死的轮回之中解脱出来。”

在我们寻常人的眼里，世间的万法往往被认为是实有的，加之我们以固有的观念去看待世间的万物，因而在我们的主观视角中便产生了畸形的人生观，把它当作衡量世间一切事物的尺度；因而我们深深地被是非、烦恼困扰住了。于是，人生就平生起了许多痛苦，而我们自身又无法摆脱这种痛苦的缠绕。

显然，我们要摆脱世间各种烦恼的缠缚，单纯地依靠世间的智慧，无疑是不可能实现的，有时我们还需要一种勇气、一种敢于“放下”的勇气。比方说我们对某些事“求不得”时，就会想尽一切办法努力去争取实现它，而当这一目的实现之后，新的欲求又会接着产生，于是转而产生新的烦恼，如此则永无了期。此时此刻，如果我们心中能够产生一种“放下”的勇气，这个烦恼也就有了期限。

懂得“放下”，是一味开心果、是一味解烦丹、是一道欢喜禅。只要我们能够适时“放下”，何愁没有快乐的春莺啼鸣，何愁没有快乐的泉溪歌唱，何愁没有快乐的鲜花绽放！

放下欲望，便没了烦恼

一切世间的欲望，没有一个人不想满足，这有着非常大的危害，为什么还要自找伤害？大大小小一切河流，全都流归大海。欲望不能满足，贪爱没有止境。欲望像越滚越大的雪球，蛊惑着人们拼命向前。那个向前通向幸福吗？幸福的标准又是什么呢？有许多人都不知道。人们的心灵被欲望占据久了，都有些麻木了。

有一个从事房地产业的年轻人，经过几年的打拼，在本地已小有名气了。他每天的生活就像上足劲的发条一样，被传真、资料、甲方以及各种方案充塞得满满的。

一天，他加班到很晚，从公司出来后，走了很远的路也没有叫到车。走得热了，他停下来，解开领带，仰头出了口气。这时，他吃惊地看见星星在丝绒般的夜幕中闪烁着，洋溢着一种无言的美丽。一如他大学毕业前的最后一晚，几个要好的同学躺在学校图书馆前的草坪上看到的那样。那一晚，他们深深地被血脉中扩张的青春激动着，广袤的星空与未来的前途一片光明。

从那以后，他几乎再也没有时间去注视夜晚的星空了。因为从走入社会开始，他一直保持着弯腰向前奔跑的姿势。太忙了，欲望总在膨胀，目标总在前方，于是他不停地向前奔跑着……

每个夜晚的这个时刻，他多半在应酬或是在制作楼盘计划和方案，他从没有想过哪怕透过一扇小窗，去望望宁静的夜空，倾听心灵细小的声音。

今天，当自己站在这静谧的星空下，他突然想起以前在大学看过一位日本餐饮业巨头总结的成功之道：在其连锁店中能提供给顾客的，永远是17厘米厚的汉堡与4℃的可乐。据他的研究人员研究发现，这是令客人感觉最佳的口感。当然，你也可以选择把汉堡做成20厘米厚，把可乐加热到10℃，但它们并不意味着最佳口感。

对于幸福，其实也只要17厘米和4℃就够了。幸福，它是一路上持续发生的，就如深夜静谧而美丽的星空所带给人的震撼，而非那个令人疲惫的终极雪球。

幸福到底是什么？许多人都在问，其实得到幸福很简单。听一听自己内心的声音，扔掉那些对自己来说十分奢侈的梦想和追求，那么，你就被幸福包围了。

有位著名的心理学家说："一个人体会幸福的感觉不仅与现实有关，还与自己的期望值紧密相连。如果期望值大于现实值，人们就会失望；反之，就会高兴。"的确，在同样的现实面前，由于期望值不一样，你的心情、体会都会产生差异。

一只老猫见到一只小猫在追逐自己的尾巴，便问道："你为什么要追自己的尾巴呢？"小猫回答说："我听说，对于一只猫来说，最为美好的便是幸福，而这个幸福就是我的尾巴。所以，我正在追逐它，一旦我捉住了我的尾巴，便得到了幸福。"

老猫说："我的孩子，我也曾考虑过宇宙间的各种问题，我也曾认为幸福就是我的尾巴。但是，我现在已经发现，每当我追逐自己的尾巴时，它总是一躲再躲，而当我着手做自己的事情时，它却形影不离地伴随着我。"

同样道理，在现实生活中，人们总是喜欢拼命地追求、索取，以为这样便可以得到幸福。殊不知，当你费尽心机地实现这个目标，消除一个烦恼，很快你又会有新的没有实现的目标，你又会烦恼。如此反复，永无尽头。事实上，人们追求的东西往往是自己并不需要的。

成龙拍完《我是谁》这部大片之后，在一次采访中说，他拍电影的场地从非洲到繁华的都市，这让他有着很深的感触。他说："在非洲，人们很容易满足，有面包能吃饱肚子，那就是幸福的一天。可是，繁华都市里的人，不用担心三餐，却有着很多的烦恼，他们总是在追求自己所不需要的东西。"

其实，追求幸福最有效率的方法就是"降低你的欲望"。通过心理调节，使自己能够平静地对待目标，从而减轻或消除心理负担，幸福也就会悄然而至。在世界上所有获得幸福的途径中，这种方法的投入产出比最高，它基本上不用你花一分钱，有时甚至能挣钱。

一位智者说："人生不同的结果起源于不同的心态。"的确，假如世界变得灰暗，那是你自己心中不够灿烂。只要降低一分欲望，你便会得到一分幸福。

欲望是幸福最大的敌人。放弃欲望，就会远离烦恼，幸福就会与你永远相伴，你的人生也就与众不同。

用平淡的眼光看待一切

生活中，人们总是不能摆脱这样或那样的束缚，因此面对众多突如其来的“大事”“烦心事”，大多数人不但不知该如何应对，有时还会背上沉重的心理负担，这样对身体和心理健康都是不利的。

适时地放松心态，从容地看待那些“大事”，用做“小事”的心态去面对、去处理，不但我们的身心会得到放松，“大事”会变为“小菜一叠儿”，而且这样可以帮助我们走出所遇到的困境，活出全新的自我。

我国著名保健专家洪昭光教授是一位掌握了多门学科理论的医学家。他对健康人生有着深刻的见解。他认为：人表面看起来，高矮差不多，胖瘦也差不多，其实人和人有天壤之别。比如说人生吧，风风雨雨，每个人都会遇到生气着急不痛快的事儿，但是结果各异，原因也在于能否做到“一直心”。

洪昭光教授的病人中有一个六十多岁的老头儿，大半辈子一直身体健康、没病没灾的。但是，有一天他家遇到事儿了：他大儿子骑自行车从胡同里出去一拐弯，正好与对面来的大卡车一撞，把脖子撞断了，高位截瘫。他到医院时儿子正抢救：身上插着七八根管子，从鼻管一直到尿管，还有胳膊上、腿上到处都是。

老人这下犯了愁：他儿子才 25 岁，正准备结婚，医生告诉他儿子将高位截瘫，今后大小便都成问题，别说结婚、工作不成了，就连生活以后都得要人伺候。医药费三天一万块钱，今后一辈子怎么办呢？

老头儿从医院回去之后就挺不住了，没过几天就吃不下饭，水都喝不下了。后来，到医院拍了个片，查出是食道癌，喉管都堵死了。结果，在开刀后发现胃里还有两个肿瘤。三个月前还很健康，压力一来就忧虑，三个月内两个部位患癌。手术以后他还是忧虑重重，结果比儿子死得还早。对他来说压力导致了癌症。

事实上，大部分人的身体机能都是大同小异的，很多情况下人们得病关键还在于“心”——有的人遇到点事儿就受不了、生闷气、干着急，那病准找上他；有的人遇到“大事”依然乐观处之，这样的人即便有病也不会病到哪去，甚至会有医学奇迹发生。

人的经历不同，承受能力不同，面对压力的处置方式也不同。倘若能够深刻领悟六祖慧能的“一直心”，就会排解许多心理压力，活得比别人轻快开心很多。

“一直心”的智慧，不仅仅表现在人们面对重大压力时，更多时候表现在得失观上，如果我们能够保持一种冷眼观得失的心境，那便真正做到了“常行一直心”。

《孔子家语》里记载：有一天楚王出游，遗失了他的弓，下面的人要找，楚王说：“不必了，我掉的弓，我的人民会捡到，反正都是楚国人得到，又何必去找呢？”孔子听到这件事，感慨地说：“可惜楚王的心还是不够大啊！为什么不讲人掉了弓，自然有人捡得，又何必计较是不是楚国人呢？”

“人遗弓，人得之”应该是对得失最豁达的看法了。就常情而言，人们在得到一些利益的时候，大都喜不自胜，得意之色溢于言表；而在失去一些利益的时候，自然会沮丧懊恼，心中愤愤不平，失意之色流露于外。但是对于那些志趣高雅的人来说，他们在生活中能“不以物喜，不能已悲”，并不把个人的得失记在心上。他们面对得失心平气和、冷静以待。

当我们在得与失之间徘徊的时候，只要还有抉择的权利，那么，我们就应当“常行一直心”，以一种平常心的心境去思考得失、去衡量利弊，心里便不会再产生那么多的苦恼与惆怅了。

“一直心”的智慧告诫我们，对待万事万物应该抱有一颗“不以物喜，不以己悲”的平常心。运用这颗平常心去观察、去做事，便能缓解心中的压力、抚平患得患失的大喜与大悲。

一切随缘，烦恼便不再出现

人活着，要做的事情很多，奢望每一件事都能按自己的设想发展，那是根本不可能的！一切羁恋苦求无非徒增烦恼。只有一切随缘，才能平息胸中的“风雨”。

真正的随缘，是平常胸怀，坦荡人生。得到了不欢喜，失去了也不恼怒，能够悟得得失进退只不过是寻常人生中的小小插曲，终究会弃我们而去。我是谁，何须问。我不过沧海一粟，不过千山一石，尘埃般的微妙怎敢强求千仞崖顶的笑傲天下？与周围的人相比较，似乎我们还要进取，还要奋斗，还要竞争，但与宇宙相比较，我们算什么呢！

“不以物喜，不以己悲”，是一种随缘的人生态度。只有做到豁达、洒脱，才会走出人生的困境，才会以积极的人生态度对待自己所面临的一切，这样成功才会与你相伴，你的人生才会与众不同。

有一次，苏东坡和秦少游结伴一起外出。在饭馆吃饭的时候，一个全身爬满了虱子的乞丐上前来乞讨。

苏东坡看了看这名乞丐，对秦少游说道：“这个人真脏啊，身上的污垢都生出虱子来了！”

秦少游则瞪了他一眼，立即反驳道：“你说得不对，虱子哪能是从污垢中生出来的，明明是从棉絮中生出的！”两人各执己见，争执不下，于是打赌，并决定请他们共同的朋友佛印禅师当评判，赌注是一桌上好的酒菜。

为了自己能赢，苏东坡和秦少游私下里分别到佛印那儿请他帮忙，佛印欣然允诺了他们。两人都认为自己稳操胜券，于是放心地等待评判日子的来临。

评判那天到了。只听佛印不紧不慢地说："虱子的头部是从污垢中生出来的，而脚部却是从棉絮中生出来的，所以你们两个都输了，你们应该请我吃酒。"听了佛印的话，两个人都哭笑不得，却又无话可说。

佛印接着说道："大多数人认为'我'是'我'，'物'是'物'，然而正是由于'我'和'物'是对立的，才产生出了种种差别与矛盾。在我看来，'我'与'物'则是一体的，外界和内界是完全一样的，它们是完全可以调和的。这就好比是一棵树，同时接受空气、阳光和水分，才能得到圆融的统一。管他虱子是从棉絮还是污垢中长出来，只有把'我'与'物'之间的冲突消除了，才能见到圆满的实相。这就是所谓的'随缘'了。"

佛印化解苏东坡与秦少游的赌局，正是采用了"枯也好，荣亦好"的道理。

有人谈随缘，说是宿命论的说法。其实不然，随缘要比宿命论高深。宿命论不过是无奈于生命的抗争而得出的不得已之论而已。随缘呢，是一种人生态度，高超而豁然，不是很容易做到。多么洒脱的胸怀，看彻眼前的浮云，把人生滋味咂透。没有一番体验，不经历一场劫难，怎么敢妄言一切随缘？妄言者，必无病呻吟，或附庸玄谈佛道而已，定遭人鄙笑。

一切随缘，简单地说，是一种心态，或是一种生活态度。它和积极的进取并不矛盾，相反，它们是相辅相成，互为补充的。

苏东坡因"乌台诗案"谪居黄州，心中肯定老大失意。一次野游，途中遇雨，密雨如织，哗哗地落下来，片刻路上一片泥泞。苏子一行人等，浑身尽湿，如落汤之鸡。随行之人，怨声载道，大骂不已，心中颓然。而苏子却等闲视之，没有像人们想象中那样，感时伤神，大鸣不平，相反，诗兴陡起，吟词《定风波》云：

莫听穿林打叶声，何妨吟啸且徐行。竹杖芒鞋轻胜马，谁怕？一蓑烟雨任平生。料峭春风吹酒醒，微冷，山头斜照却相迎。回首向来萧瑟处，归去，也无风雨也无晴。

有的人一生汲汲于名利，终究逃脱不了名缰利锁的羁绊。其实，有什么用呢？苏轼大雨浇头终得妙悟，事物往往这样，你怎样看待，便是什么样子。你的心境是乐观的，纵使是再大的困厄，也便无惧；相反，如果你的心境是悲观的，纵使是处于大欢喜中，还是能瞧出愁郁来。

是啊，人生说长也长，说短也短，就像江水东流，一去不返；又像天上月，盈亏自有定数。人在年轻的时候，像一匹初生的野马，眼中没有困难，没有畏惧，只想一味地驰骋奔腾。因此，往往会书生意气，指点江山。长大时，便被套上枷锁，做事循规蹈矩，失掉了自由，再也没有初生的野气和不拘了。等到老了的时候，则骈死于槽枥之间，更不会谈什么有所作为了。

正如《大话西游》中紫霞仙子说的那样：我猜到了故事的开头，却没有猜到这结局。人活着，要做的事情很多。如果每一件都要按自己的设想发展结局，那怎么可能呢？既然不可能，那执着必会生出烦恼，使得自己终生疲惫。

外在的风风雨雨，终有停止的一刻，但我们内在的风暴，又到何时才能归于平静呢？一切羁恋苦求无非徒增烦恼。只有一切随缘，才能平息胸中的风雨。

人生的每一段缘起缘灭，无不留下欢喜和泪水、遗憾与伤痛。只有我们坦然面对，才可能抚平伤口。一切随缘，把命运的强制由无奈转为淡然。缘来的时候，珍视但不躁喜；缘去的时候，坦然但不留恋。伤感是难免的，只是伤感过后，坦淡地说一句，一切随缘吧！

一切随缘，人生便可自在逍遥，没有什么可以拘牵意志和灵魂。

我们可以学一学古人的风致，学一学苏轼的心安之境，一分超然，一分豁达，一分荣辱皆忘，一分沉浮不惊，一分进退不扰，此五分足矣！有了这些，便可以坦然面对人生路途上的风风雨雨、坎坎坷坷。

面对生活中的种种烦恼忧愁，我们不必过于挂在心间。既然它们“随风”而来，就让它们随风而逝吧！

广阔的胸襟让你无忧无愁

海纳百川，有容乃大。江海之所以能成为百谷之王，是因为身处低下。要想拥有百川的事业和辉煌，首先要拥有容得下百川的心胸和气量。

一个满怀失望的年轻人，千里迢迢来到一位知名画家的家中，对画家说："我一心一意要学丹青，但至今没能找到一个令我满意的老师。"

画家笑笑问："你走南闯北十几年，真没能找到一个自己的老师吗？"年轻人深深叹了口气说："许多人都是徒有虚名啊，我见过他们的画，有的画技甚至不如我呢！"画家听了，淡淡一笑说："我收集了一些名家精品，既然你的画技不比那些名家逊色，就烦请你为我留下一幅墨宝吧。"说完，便拿来了笔墨砚和一沓宣纸。

画家接着说："我的最大嗜好，就是品茗饮茶，尤其喜爱那些造型流畅的古朴茶具。你可否为我画一个茶杯和一个茶壶？"年轻人听了，说："这还不容易？"于是调好了砚墨，铺开宣纸，寥寥数笔，就画出一个倾斜的水壶和一个造型典雅的茶杯。那水壶的壶嘴正徐徐吐出一脉茶水来，注入了那茶杯中。年轻人问画家："这幅画您满意吗？"

画家微微一笑，摇了摇头。

画家说："你画得确实不错，只是把茶壶和茶杯放错位置了。应该是茶杯在上，茶壶在下呀。"年轻人听了，笑道："您为何如此糊涂，哪有茶壶往茶杯里注水，而茶杯在上茶壶在下的？"画家听了又微微一笑说："原来你懂得这个道理啊！你渴望自己的杯子里能注入那些丹青高手的香茗，但你总把自己的杯子放得比那些茶壶还要高，香茗怎么能注入你的杯子里呢？涧谷把自己放低，才能吸纳融会百川，呈汹涌之势啊。”

我们需要学会宽容，“容人须学海，十分满尚纳百川”，懂得宽容待人的好处。宽容待人，就是在心理上接纳别人，尊重别人的处世原则，理解别人的处世方法。我们要接受别人的长处，同时，也要接受别人的短处、缺点与错误。只有这样，我们才能真正地和平相处。

宽容代表着一个人的美好心性，也是最需要加强的美德之一。俗语讲，眉间放一“宽”字，自己轻松自在，别人也舒服自然。宽容是一种豁达的风范，也许只有拥有一颗宽容的心，才能面对自己的人生。

宽容就是在别人和自己意见不一致时也不要勉强。因为任何想法都有其来由，任何动机都有一定的诱因。了解了对方的想法，找到他们提出意见的基础，就能够设身处地接受对方的心理。

正所谓“退一步，海阔天空；忍一时，风平浪静”。宽容就是事情过了就算了，不去斤斤计较。每个人都有犯错的时候，如果执着于过去的错误，就会耿耿于怀、放不开，并且限制了自己的思维，也限制了对方的发展。即使是背叛，也并非不可容忍。能够承受背叛的人才是最坚强的人，也将以他坚强的心志在氛围中占据主动，以其威严给人以信心、动力，因而更能够防止或减少背叛。

宽容是一种幸福。我们在饶恕别人的同时，给了别人机会，也取得了别人的信任和尊敬。所以说，宽容是一种看不见的幸福。

宽容更是一种财富。拥有宽容，就拥有了一颗善良而真诚的心。这是易于拥有的一笔财富，它在时间推移中升值，它会把精神转化为物质。选择了宽容，便赢得了财富。

因此，只有用一种比大海还要宽广的胸怀去对待人生、对待他人，生活才会变得更精彩，人生才会与众不同。

功名利禄真的那么重要吗?

由于荣宠和耻辱的降临往往象征着个人身份地位的变化，人们得宠之时也就是春风得意之时，他们当然唯恐一朝失去，就不免时时处于自我惊恐之中。

功名利禄如过眼烟云。放下功名利禄，以一种平淡的心态对待生活，也许你就会走出因名利、荣辱带来的困境，你的人生会变得与众不同。

唐朝某年间的一个清晨，在润州西北的芙蓉楼上，来了两位士人。他们一位是大名鼎鼎的诗人王昌龄，另一位则是他的朋友辛渐。

昨夜的漫江寒雨现在渐渐停了，寒雨增添了几分萧瑟的秋意。两位朋友在这个清冷的地方，面对着滚滚流去的长江水，互相交谈着。王昌龄说："辛兄，这次一别，不知何日再能见面啊。"原来，辛渐要从这里渡江北上，取道扬州到洛阳去，现在船已经停泊在岸边了。

辛渐说："昌龄兄情深意长，你从江宁送我到润州，昨晚在这里为我饯行，今天又来送我，叫我如何报答呢！这回我们谈得畅快，我明白了这些年来你受到的委屈和折磨。希望你放开胸怀，好好保重自己！"

王昌龄曾因不拘小节，受到当时某些人的批评指责，甚至是无中生有的诽谤。为此，几年前他就被贬官岭南，然后又被任为江宁丞，终是屈居在下级官吏的行列中，对此王昌龄淡然处之。此刻，他感到惆怅的倒是辛渐走后，自己又少了一个知己。辛渐知道，王昌龄在洛阳有不少亲友，他们也一定听到了外界不利于王昌龄的非议。他便关心地问："昌龄兄，我去洛阳，你有什么话要我带给那边的亲友吗？"

王昌龄昂起头，目光炯炯地说："有！因为要给你饯行，我做了一首诗。"于是，他对着浩浩江水，朗声吟了题为《芙蓉楼送辛渐》的诗：

寒雨连江夜入吴，平明送客楚山孤。洛阳亲友如相问，一片冰心在玉壶。

辛渐被感人的佳句打动了，连连赞道："好诗！好诗！'一片冰心在玉壶'，这表明你始终坚持自己清白自守的节操，多么高尚，令我钦佩！这句诗，足可告慰你在洛阳的亲友了。我也很高兴，因为你的大作对我无疑是一件难得的珍宝哩！"两位朋友再次珍重道别，辛渐登上了江边的船，扬帆而去。岸边的王昌龄，遥望远处矗立的楚山，觉得自己也像楚山那样孤零零的。

一片冰心在玉壶，追求自身的高洁，用淡泊的心看待世事，这是高超的做人和处世哲学。自己内心纯洁，就不怕别人的恶意诋毁和诽谤；抱着淡泊的胸怀，名利如浮云一般，入不得耳目，扰不了心志。只有这样，人生才踏实、充实。

天下熙熙，皆为利来；天下攘攘，皆为利往。人生堪不破"名利"二字，就会受到终身的羁绊。名利就像是一副枷锁，束缚了人的本真，抑制了对于理想的追求。现代人生活在节奏越来越快的年代，成就感的诱惑始终存在，有太多的诱惑，太多的欲望，也有太多的痛苦，因此我们身心疲惫不堪。一个人要以清醒的心智和从容的步履走过岁月，在他的精神中不能缺少气魄，一种视功名利禄如浮云的气魄。

不拘于物，是古往今来许多人一生的追求。视功名利禄如浮云，不必为过去的得失而后悔，不必为现在的失意而烦恼，也不必为未来的不幸而忧愁。抛开名利的束缚和羁绊，做一个本色的自我，不为外物所拘，不以进退或喜或悲，待人接物豁然达观，不为俗世所滋扰。

烦恼和羁绊都是由于自己不能舍弃或是看得太重而引起的。人生于世，无论君子圣贤雅士也好，还是小人俗人凡人也好，谁也不可能无所谓地舍弃。俗人爱财，难道君子就不需要了吗？圣贤如果没了一日三餐，他也要去赚钱的。但不要执着，要懂得放下。拿得起放得下，这才是俗世的淡泊。

德国哲学家康德就非常厌恶“沽名钓誉”，他曾经幽默地说：“伟人只有在远处才发光，即使是王子或国王，也会在自己的仆人面前大失颜面。”也许，正是因为有了这样一份淡泊的心境，世界才又多几分自在，几般快慰。

淡泊胸怀，独善其身，人生便不受困扰，心神才会一片安泰！

怨恨只会让你不美好

作为一个人，一定要保持一颗慈爱的心，除去那些怨恨别人的想法。因为憎恨别人对自己是一种很大的损失。恶语永远不要出自我们的口中，不管他有多坏，有多恶。你越骂他，你的心就越被污染，你要想，他就是你的善知识。我们不能改变周遭的世界，就只好改变自己，用慈悲心和智慧心来面对这一切。拥有一颗无私的爱心，便拥有了一切。根本不必回头去看咒骂你的人是谁。如果有一条疯狗咬你一口，难道你也要趴下去反咬它一口吗？

社会是人与人组成的，因此，谁都不可能孤立地生活在这个世界上。在生活中，我们难免会与他人之间发生摩擦，或者是不愉快，当你感受到自己遭遇不公平对待的时候，你是否会对他人产生敌意呢？你是否会因此而在心里对他人怀有怨恨之心呢？

首先可以肯定地说，当你受到了真正的不公平对待的时候，你完全有理由怨恨他人，因为你是真的受了委屈。可是，请你冷静地想一想，当你在怨恨他人的时候，你自己从中又得到了什么呢？事实上，你所得到的只能是比对方更深的伤害。

你的怨恨对他人不起任何作用，反而是你内心里的怨恨影响了自身的健康，因为你的怨愤态度使你产生了消极情绪，这消极情绪对你的健康和性情都会产生很大的负效应，从而对你造成伤害。更为严重的是，你总是想着自己受到了不公平的对待，总是因此而极不愉快，从而会招致更多的不愉快。

想想看，你是否有必要改变自己的态度呢？你要知道，我们所受到的不公，仅仅是因为我们的心有欲求。如果我们不看重自己心中的欲求，或者把这欲求看得很淡，那么不公又从何而起呢？

当然，除非有特殊的原因，你不必对那些与你有嫌隙的人表现友好。但是，如果你不愿意原谅和学会遗忘，你就否认了自己是一个真正的受害者。这样一来，你对他人的怨愤就会升级，你自己所受到的伤害也同样会升级。

一只脚踩扁了紫罗兰，它却把香味留在那脚上，这就是宽恕。

我们常在自己的脑海里预设一些规定，认为别人应该有什么样的行为。如果对方违反规定，就会引起我们的怨恨。其实，因为别人对“我们”的规定置之不理，就感到怨恨，不是很可笑吗？

大多数人都以为，只要我们不原谅对方，就可以让对方得到一些教训。也就是说：“只要我不原谅你，你就没有好日子过。”其实，倒霉的人是我们自己：一肚子窝囊气，甚至连觉也睡不好。

当你怨恨一个人时，请先闭上眼睛，体会一下自己的感觉，感受一下自己身体反应，你就会发现：让别人自觉有罪，你也不会快乐。

一个人爱怎么做就怎么做，能明白什么道理就明白什么道理。你要不要让他感到愧疚，对他来说差别不大，但是会破坏你的生活。假如鸟儿在你的头上排泄，你会痛恨鸟儿吗？万事不由人，台风带来暴雨，你家地下室变成一片沼国，你能说“我永远也不原谅天气”吗？既然不能，又何必怨恨别人呢？我们没有权利去控制鸟儿和风雨，也同样无权控制他人。老天爷不是靠怪罪人类来运作世界的，所有对别人的埋怨、责备都是人类自己造出来的。

即使遭逢剧变所引起的怨恨，在人性中也依然可以释怀。因为如果你希望自己好好活下去，就得抛开愤怒，原谅对方。

悲痛和愤怒中的人大致可以分为两种：第一种人始终生活在愤怒及痛苦的阴影下；第二种人却能得到超乎常人的同情心。

令人心碎的事，例如大病、孤独和绝望，在人的一生中都难以幸免。失去珍贵的东西之后，总有一段时间会伤心、绝望。问题是，你最后到底变得更坚强呢，还是更软弱？

宽恕、忘记对他人的怨愤，这是一个智者的做法。

事实上，忘记你所受到的不公，忘记对他人的怨愤，最终最大的受益者只能是你自己。当你忘记了怨愤，学会了遗忘和原谅，你就会发现：原来你所认为的那些不公，其实根本不值一提，因为它们在你的一生之中，是那么微不足道。而你也会认识到，抛开对他人的怨愤之心，你所获得的快乐是你这一生都享受不尽的。

让自己活得更加从容

名利是一个非常富有吸引力的字眼，同时也是许多人立足社会、搏击人生的主要动力。自古以来，功名利禄就是一些人的人生奋斗目标。有多少人为了光宗耀祖、福荫万世而削尖了脑袋挤仕宦之途，又有多少人因为人生的不得意而郁郁寡欢。纵观古今，在这个世界上，春风得意、踌躇满志的人毕竟还是少数，历史上留下来的更多的还是为名和利所困扰、所击败的悲剧。生活的道路本来是很宽阔的，人生的价值也并不全是能够用名和利来衡量的。因此，若想活得轻松自如些，你就应该看淡名利，活出生活的本色来。

孟子曾经说过："养心莫善于寡欲：其为人也寡欲，虽有不存焉者，寡矣；其为人也多欲，虽有存焉者，寡矣。"如果一个人心中的欲望是很有限的，那么对于他来说，外界获得的东西是多是少都与自己无关，少了不足以产生内心的不平衡，而多了也不会助长他的欲望。而假若一个人心中时刻充满着无尽的欲望，那么他永远也不会有舒心的时候。名轻利少则一心想着往上爬、挣大钱，名成利收之后，欲望却又会再一次膨胀。如此循环下去，永远追求着名利，直至生命的尽头仍然不知满足。这样的生命还能有多大意义？

一个人如若养成看淡名利的人生态度，那么面对生活，他就更容易找到乐观的一面。他所看到的是人生值得讴歌的部分，对可望而不可即的空中楼阁没有兴趣。现代人面对着花花绿绿的精彩世界，更应当有淡名寡欲的思想，如此方能在纷繁的世界里，在众多的不公平中，在自己的心中，构筑一片宁静的田园。

要想在纷繁的大千世界中始终保持着平和的心态，就要有穷通达观的人生态度。所谓穷通达观的人生态度，就是指“穷亦乐，通亦乐”：身处贫穷之中能够找到生活的乐趣，感到快乐；身处富裕之中也能够心态平和，享受生活之乐。说到底，在生活中我们应该始终保持乐观的生活态度，采取一种顺应命运、随遇而安的生活方式。那么不管是处于顺境还是逆境，我们都能过快乐的、自由自在的生活，而不会庸人自扰，不会羡慕那些有钱的大款和老板，不会抱怨自己的命不好。

一对夫妻年轻时共同创业，到了中年终于小有成就，公司净资产一千多万，而且发展势头良好，提起这对夫妻，商界的人都伸大拇指。然而就在他们的事业如日中天的时候，两人却隐退了，他们辞去了董事长、总经理的位置，将大部分股份卖给一个他们平时就很欣赏的企业家，将房子和车委托给好朋友照管，两个人就潇洒地环游世界去了。消息传出后，大家都觉得太可惜，一些亲戚朋友也不理解，讽刺他们说：“年龄这么大了，办事却像小孩子一样，那么大的家业说丢就丢，放着好好的老总不做，偏要去环游世界！”

在一些人眼里，这对夫妻确实傻得可以，竟然真的就这样抛下名利，从此以后，他们再也体验不到当老总的风光及大把大把赚钱的乐趣了。其实，这对夫妻才是真正的聪明人，他们抛弃了虚名浮利，却得到了真正的生活乐趣。

名，是一种荣誉、一种地位。有了名，通常可以万事亨通，光宗耀祖。名这东西确实能给人带来诸多好处，因而不少人为了一时的虚名所带来的好处，会忘我地追求。

然而，沉溺于名会让你找不到充实感，让你备感生活的空虚与落寞。尤为可怕的是，虚名在凡人看来往往闪耀着耀眼的光芒，引诱你去追逐它。尽管虚名本身并无任何价值可言，也没有任何意义，但是总有那么一些人为了虚名而展开搏杀。真正体会到生命的意义、人生的真谛的人都不会看重虚名。其实，实在没有必要为了得到一个毫无价值、毫无意义的虚名而去钩心斗角，弄得邻里打得头破血流，朋友反目成仇，兄弟自相残杀。

钱，是一种财富，是让生活更加舒适的保证。有了钱，就可以住豪宅，开名车，吃大餐。在一些人眼里，金钱甚至是一种带有魔力的、可以让人为所欲为的东西。

然而任何事情都有相反的一面，金钱也会给你带来很多麻烦。比如有了钱以后，你就得为自己的安全担忧，谁知道哪个家伙正打着“劫富济贫”的算盘；有了钱，你就会失去很多朋友，你可能会担心对方是不是冲着你的钱来的……

人的一生面临许多关卡，许多事情都是难以预料的。不管是名分地位还是财富，都不是自己所能决定的。人生活在这个社会中，不可能事事顺心。或许一生的努力都是徒劳，或许高官厚禄、巨额钱财在顷刻之间就会离你而去，荣耀风光成为黄粱一梦。一些人老谋深算，为了争名夺利，不择手段地算计他人，可在突然之间却已被他人算计。人何必活得这么辛苦，又何必活得这么低贱？淡泊名利是人生幸福的重要前提。如果你渴望轻松，渴望真正地获得生命的意义，那么请记住——看淡名利。

如果你的心里还在为领导这次提拔了别人而没有提拔你感到愤愤不平，如果你还在因为与你一起购买体育彩票的邻居中了大奖而你却什么也没有得到而久久不能释怀消气，那么看了上面的几个例子，你是不是觉得有所悟？其实，名利本来就是那么一回事。

何必太醉心于名利，何必为了满足自己无止境的欲望东奔西走，忙得唉声叹气。只要认真做好自己应该做的事，在知足中细细地品味生活的乐趣，你就没有辜负自己的一生，没有白活一世。

只有放弃对名利的追求，面对生活保持一种平和的心态，你才能体会到生活的美好，你的人生也才会与众不同。